제품디자인을 위한 3D 프린팅

SAMUEL N. BERNIER, BERTIER LUYT & TATIANA REINHARD 저
김지은, 권규현, 류호경, 정태현, 최재영 역

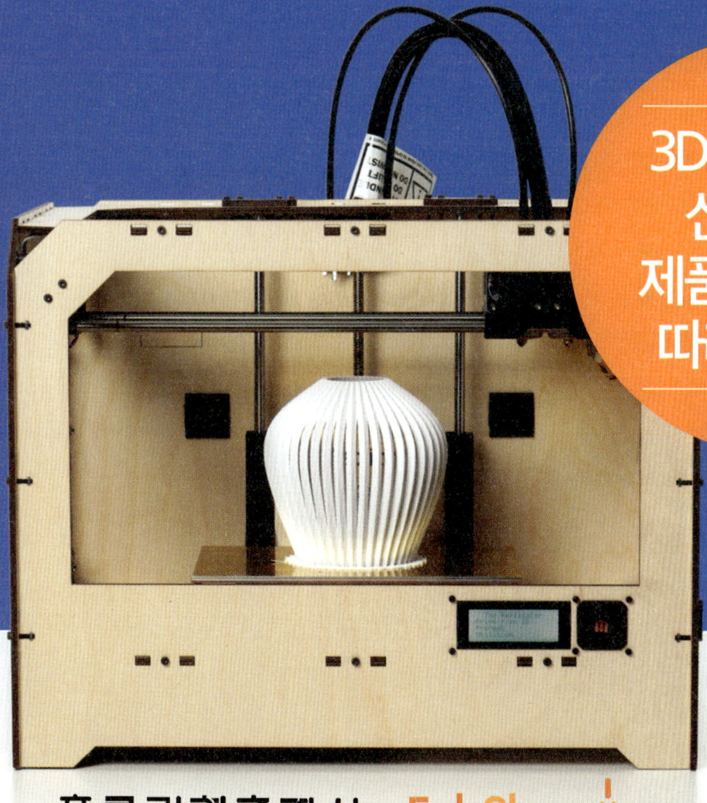

3D 프린터의 선택에서 제품설계까지 따라해 보기

홍릉과학출판사 leFabShop

IMPRESSION 3D PAS A PAS

by Samuel N. Bernier, Bertier Luyt, and Tatiana Reinhard 공저

준비하기

이 책에서 제공하는 예제들을 연습하기 위해서는 3D 프린팅을 위한 기존 모델링을 학습할 수 있는 다음의 무료 소프트웨어 패키지 다운로드가 필요합니다.

- 123D Design과 Meshmixer : 무료, 기본 3D 모델링 지원, www.123dapp.com/create
- 123D Catch : 무료, 3D 스캐닝 앱, iPad, iPhone, Window phone, 혹은 Android phone & Tablet 호환, 각 앱 스토어에서 다운로드
- 123D Sculpt : 무료, 3D 조형 앱, 아이패드 호환, 해당 앱 스토어 다운로드
- Netfabb Basic : 무료, 3D 파일 복구, www.netfabb.com
- Skanect: 유/무료, 3D 스캐닝 소프트웨어. Microskoft Kincet Xbox 혹은 Windows 버전(Kinect One 제외), Asus Xtion Prof, Structure Seconor 호환, www.skanect.com

목차

역자 서문

모든 사물을 같은 크기로 그렸던 시절이 있었다. 이집트, 그리스의 그림들은 사물과 인간을 같은 크기, 즉 신(神)의 시점으로 그렸다. 그것이 인간의 숙명이라고 생각하면서 말이다.

인간의 시선으로 바라본 사물을 그리기 시작한 "르네상스" 시대를 인지혁명(Cognitive Revolution)의 시대라고 한다. 우리의 사고 체계가 신(神) 중심이 아닌 "인간" 중심으로 변하게 되고, 이는 곧 인간이 사물을 객관적으로 바라보고자 하는 과학적 사고체계로 발전하게 되었다.

그러나 여전히 새로운 사물과 생각을 만들어내는 창의적인 사고결과물(예술작품, 과학 등)들은 종이와 연필, 수(數)의 영역을 넘지 못하고, 2차원적인 사고의 틀 안에 갇혀 있었다. 컴퓨터의 등장으로 다른 표현법을 가지게 되었으나, 평면적인 디스플레이의 영역을 극복하는 것은 여전히 한계가 있었다.

우리 인간이 생각하는 그대로의 3차원적 창의적인 사고결과물을 빠르게 만들고 보여질 수 있다면 얼마나 좋을까? 이게 가능하다면 창의적인 사고결과물이 어떤 것인지 다른 사람들과 더 쉽게 소통할 수 있지 않을까? 3차원적 창의적인 사고결과물은 가장 이상적인 소통의 도구이자, 또 다른 인지혁명을 가져올 수 있는 촉매로 작용할 것이다.

3D 프린팅이 세상을 바꿀 수 있는 산업혁명이라고 회자된 것이 벌써 수년이 되어간다. 그러나 아직 3D 프린팅을 이용한 제조혁명 혹은 산업혁명을 도출해 내지는 못했다고들 한다. 빈 수레가 요란했다고들 한다. 그러나 역자는 3D 프린팅을 이용한 창의적인 사고결과물을 빠르게 만들어 볼 수 있음으로 해서 얻어지는 인지혁명의 촉매로서 이미 충분한 가치를 가지고 있다고 본다.

마치 르네상스 시대를 지나면서 진화된 인지능력이, 21세기에 다시 한 번 3D 프린팅을 통해서 얻어낼 수 있을 것으로 생각한다. 역자는 이런 점에서 원저자인 Bernier, Luyt, Reinhard의 "Design for 3D Printing"이라는 책을 가볍게 지나 칠 수 없었다. 학문적인 책이라면 아마도 이렇게 번역을 할 생각도 안 했을 것이다. 이 책은 마치 르네상스 시대에 시민들을 위해 그려진 성당의 벽화처럼, 모든 사람들이 쉽게 3D 프린팅을 이용해서 창의적인 사고결과물을 만들 수 있도록 도와줄 것 같았다. 번역을 하면 할수록 그 믿음은 더 강해졌다.

요즘은 책을 쓰고 출판하는 것이 과거에 비해서 훨씬 쉬워졌다. 그러나 보편적인 언어들로 자신의 지식을 알기 쉽게 쓴 책을 찾아보기 쉽지 않은 게 현실이다. 역자는 이 책을 번역하면서 가급적 원저자의 느낌을 살리기 위해 디자인 지식을 공부해 가면서 번역을 하였다. 최선을 다했으나, 부족한 점도 있으리라 생각된다. 독자들의 많은 질책과 의견을 겸허히 받고자 하며, 부디 이 책이 의미 없는 또 다른 3D 프린팅 책으로 책장에 먼지를 머금지 않고, 초등학생부터 대학생, 직장인들이 쉽게 따라가면서 3D 프린팅을 통한 창의적인 생각들을 할 수 있으면 한다.

2016년 3월 21일

한양대학교 김지은 교수

추천의 글

할리우드에서 돌고 있는 유머 섞인 표현을 빌어보자면, 3D 프린팅은 최근 30년 내에, 제작 분야에서 일약 스타가 되었습니다.

1980년대 초, 히데오 카다마와 척 헐(Hideo Kodama and Chuck Hull)과 같은 몇몇 혁신가들이 실험적인 기술들을 개발하였고, 이를 토대로 전 세계 수많은 사람들이 사용하는 큰 흐름의 하나로 3D 프린팅은 진화해 왔습니다.

보트, 벤치, 야구방망이 같은 것에서, 심지어는 아이와 함께 만드는 로켓 장남감과 같이 무언가를 만드는 것을 사랑하는 사람들과 같이, 나에게 있어 이러한 변화를 지켜보는 것은 진정 흥분되는 일입니다.

오늘날, 우리 오토데스크사는 가능한 한 많은 사람들이 3D 프린팅 기술을 활용할 수 있도록 도와주고 있습니다.

특히, 사무엘(Samuel), 베르티에(Bertier), 타티아나(Tatiana)와 같은 최고의 실무자들에 의해 쓰여진 3D 프린팅 책의 출판에 매우 감사함을 느끼고 있습니다. 프랑스에 있는 FabShop에서 그들은 매일 3D 프린팅을 활용하며, 다른 사람에게 3D 프린팅과 관련한 풍부한 지식을 가르치고자 하는 열정을 가지고 있습니다. 이 책에서 소개되는 것처럼 새로운 기술을 계속 찾고, 다양한 작업과 실험을 계속하고 있습니다.

이 책에서는 3D 프린팅의 역사적 자취를 이해하고, 다양한 것을 시도해 볼 수 있는 실전적인 활용 방법들을 제공합니다. 이론과 실전의 조합은 독자에게 3D 프린팅의 활용에 좀 더 깊은 이해를 줄 수 있을 것입니다.

3D 프린팅 기술은 과거에는 시도하기 힘들었던 것들을 가능하게 하며 더 나아가 우리가 경험하지 못했던 것들조차 할 수 있게 될 것입니다.

이 책의 독자들은 우리가 상상할 수 있는, 혹은 상상 이상의 다양한 것들을 만들 수 있는 창작자가 될 수 있지 않을까요?

Carl Bass

Autodesk CEO and Maker

서문

오늘날, 수많은 사람들이 3D 프린팅에 대해 이야기하고 있습니다. 언론이나 기업들의 이야기에 따르면, 조만간 3D 프린팅은 집안의 한 켠에 자리할 것입니다. 우리는 왜 미래를 기다려야 할까요? 벌써 3D 프린팅은 3D 허브와 같은 온라인 사이트를 포함하여, 학교, 사업체 혹은 근처 공공기관에 준비되어 있고 많은 사람들이 그것을 활용할 수 있습니다.

무언가 손에 잡히는 물건을 만들어내는 산업이라면, 3D 프린팅은 그들의 혁신적인 프로세스에 바로 사용될 수 있습니다. 초기 프로토타입의 생산과정에서, 혹은 전통적인 제조방법으로는 구현하기 어려웠던 제한적이고 특수한 부품의 제작에서, 두루 활용될 수 있을 것입니다.

FabShop이라는 우리의 작업공간에서 우리는 거의 매일 3D 프린팅을 활용합니다. 3D 프린터를 설치하고, 우리의 고객들에게 강연을 제공하며, 그것을 사용하는 새로운 기술들을 습득합니다. 제작자로서 우리들은 여러 DIY 그룹들과 지속적인 연계를 통하여 동호회 홈페이지나 우리의 홈페이지에 작업들을 공유합니다.

3차원으로 물체를 프린팅하기 위해서는 3차원 모델과 3D 프린터가 필요합니다. 3차원 모델을 얻기 위해서는 실제 3차원 모델을 3D 모델링 소프트웨어를 활용하여 만들거나, 3D 스캐너로 실제 물체로부터 가상화된 3D 모델 데이터를 얻기도 합니다. 또한, 웹사이트에서 다운로드를 받을 수도 있습니다. 이 책에서는 다양한 예제를 기반으로 3가지 방법에 대해 학습해 봅니다. 그리고 최신 3D 프린팅 기술들은 어떤 것들이 있는지를 살펴볼 예정이며 3D 프린터에 활용되는 프린팅 재료들도 소개합니다.

오늘날 3D 프린팅 기술은 기존의 제조방법들에 비해 제조시간, 활용 가능한 재료 종류, 합성이 가능한 재료 등 많은 한계가 있지만, 다양한 영역에서 여러 사람들이 연구를 하고 있으며 새롭게 대두되는 미래 기술들은 이러한 조건들을 극복할 것이라고 봅니다.

3D 프린팅 기술은 대세이고, 이제 그 대세에 편승해야 할 시간입니다.

3D 프린팅이란?

기존 제조방법은 재료를 제거하는 방식을 통해 이루어지는 반면에 3D 프린팅은 무언가 추가하는 형태로 이루어지는 제조의 한 방법입니다. 제거를 통한 방법(Subtractive techniques)은 제조방법에 있어서 근원적인 한계가 있을 수밖에 없습니다. 실제로, 최종 제품의 생산에서는 재료의 블록화로부터 시작할 수밖에 없으며, 이는 산업쓰레기를 배출하며, 구조의 복잡성을 제한하는 요소이기도 합니다.

나무의자를 예로 들어봅시다. 먼저 큰 나무를 잘라야 하고, 나무옹이나 잔가지들을 제거해야 합니다. 그 다음 보드 형태로 나무를 자를 것입니다. 나무 보드를 건조하고, 제작을 위해 적당한 크기로 만들어야 하며 사포질을 통해 표면을 가공해야 합니다. 플라스틱으로 비슷한 의자다리를 만들기 위해서도 주형을 만든 다음 녹은 플라스틱 물을 붙고 거대한 프레스를 통해 플라스틱 의자다리를 사출해야 합니다.

플라스틱이 식으면 사출된 의자다리를 주형에서 추출합니다. 물론, 플라스틱 사출의 끝부분을 다듬고 제거해야 합니다. 그리고 사출성형의 한계로부터 발생할 수 있는 물리적 특성, 두께의 균일함, 각도 등을 충족하는지를 검토해야 합니다.

이러한 과정에서 디자이너는 각 부품의 설계에 있어서 특정 제약을 받게 됩니다. 왜 그렇게 다양한 물건들이 비슷한 룩앤필(Look and Feel)을 가질 수밖에 없는지를 제조상의 특성으로 설명할 수 있습니다. 새로운 제조기술은 디자이너에게 새로운 미적 가능성을 제공할 수 있을 것입니다.

3D 프린팅은 재료를 차례대로 적층시키는 기법을 토대로 제조하는 새로운 방식입니다. 재료는 1 mm 이하의 두께로 적층되며, 최근 기법으로는 1/10 mm 이하의 정밀도로 적층되기도 합니다. 적층되는 재료에 따라 여러 가지 다른 기술들이 사용될 수 있습니다. 이러한 기술들은 더 높은 창작 자유도를 부여하며, 프로토타입의 제작에 있어서 많은 부담을 줄일 수 있을 것입니다. 한정제품 및 단품 제작의 경우 상당한 제조 시간을 줄일 수 있을 것으로 예상됩니다. 무엇보다도, 적층기법은 몇몇 파트들이 하나의 작업공정에서 합쳐질 수 있는 제조기법입니다. 즉, 작은 토이카를 만드는 데 부품의 조립이 필요 없이 바로 제작이 가능하다는 것을 의미합니다.

지금까지 3D 프린팅의 기본적인 원리와 장점을 살펴보았습니다. 이제부터 실습을 통해 보다 더 많은 것을 배워봅시다.

기본 다지기

적층식 제조법

개인용 3D 프린터 선택

3D 프린팅 파일 형식

3D 프린팅 파일 체크리스트

무료 3D 모델링 소프트웨어

3D 스캐닝 방법

적층식 제조법

적층식 제조법은 3차원 물체를 만들기 위해 재료의 층을 연속적으로 축적시켜서 만드는 방법을 의미합니다. 이러한 디지털 프로토타이핑 방법은 출력되는 아이템의 디지털 모델을 해석할 수 있는 컴퓨터를 필요로 합니다. 디지털 모델은 수백 개의 층으로 구성되어 있으며 3D 프린팅을 하는 동안 3D 프린터의 기구부가 어떻게 움직여야 하는지에 대한 패스 정보도 포함해야 합니다. 금속을 활용하거나 음식, 혹은 인공장기 등을 위한 3D 프린팅 기술은 이 장에서는 다루지 않습니다. 몇몇 관련 기술들은 아직 연구 중에 있거나 혹은 특정 산업용으로만 활용되고 있기 때문입니다. 이 책에서는 소비자들을 위해 래피드 프로토타이핑(Rapid Prototyping)을 하는 기술을 서비스의 관점에서 혹은 개인용 3D 프린팅의 관점에서 주로 다룹니다. 글과 함께 제공되는 그림들은 3D 프린팅 기계들의 작동이나 도구 부분을 시각화해서 이해를 도울 것입니다. QR 코드는 적층식 제조법을 보여주는 비디오 링크를 제공합니다.

FDM과 FFF

FDM(Filament Deposition Modelling 응용수지 압출 적층 조형)
FFF(Fused Filament Fabrication 압출식 적층 조형)

발명자: S. Scott Crump (Stratasys)

기술개요: 가는 응용수지를 녹여서 적층하는 방법은 가장 보편적인 3D 프린팅 기법입니다. FDM 기법은 1988년에 스콧 크럼프(Scott Crump)가 자신의 딸을 위해 글루건(glue gun)으로 토이를 만들어주려다가 고안된 기법입니다. 연속적인 층을 쌓아가는 방법으로 물건을 만들어가는 아이디어는 스콧 크럼프와 그의 아내 리사 크럼프(Lisa Crump)가 스트라타시스(Stratasys)회사의 설립을 위한 토대가 되었습니다. 2009년 이후로 몇몇 3D 프린팅 모델이 시장에 소개되었고, 다양한 특허들이 대중에게 공개되었습니다. FDM이라는 용어는 스트라타시스의 트레이드 마크이기 때문에 기술적 용어로 FFF라는 용어를 새롭게 개발되는 여러 3D 프린팅 기기들에서 사용하기도 합니다. FFF는 적층(Deposition)을 유사단어인 적층(Fusion)으로 대체한 것입니다. 이 기술은 상대적으로 저렴한 부품과 툴이 시장에 존재했기 때문에, 이 기술에 기반을 둔 간단하고 보편화된 3D 프린팅 기계들이 시장에 많이 소개되고 있습니다. 한 예로, RepRap는 다양한 사용자들이 그들만의 오픈소스 FFF 3D 프린터를 만들 수 있도록 하는 프로젝트가 있습니다. 이 프로젝트는 미국의 3D 프린터 회사인 메이커봇(MakerBot)에 의해 주도적으로 진행되었으며, 2013년에 메이커봇은 스트라타시스에 의해 인수되었습니다. FDM 공정은 스풀(Spool)에 감겨진 상태인 열가소성[1] 필라멘트를 사용하고 있습니다. 필라멘트의 굵기는 1.75 mm에서 3 mm사이로 다양하며 180-300도의 열에 녹으면서 추출됩니다. 배출되는 방법은 글루건과 유사하며, 녹은 플라스틱으로 적층됩니다. 녹은 플라스틱은 주변 공기의 낮은 온도에 의해 바로 굳어지게 되는데, 이러한 방법으로 인간의 머리카락 굵기에 해당하는 평균 0.2 mm 두께로 층을 이루며 쌓이게 됩니다.

일부 기기들은 2개의 노즐을 가지고 있으며, 이는 용해성 서포터를 함께 활용한 구조의 설계를 가능하게 합니다. 1개의 노즐이 있는 경우에도 이러한 구조물의 작업이 가능하나, 용해성 서포터를 이용하지 않을 경우, 날카로운 툴을 사용하여 후가공이 많이 요구됩니다.

주요재료: ABS(acrylonitrile butadiene styrene), PLA(polylactic acid), PC(polycarbonate), Nylon, PET(polyethylene terephthalate), PVA (polyvinylalcohol) and, some experimental ones, like SWF(Seaweed Filament).

장점: 다양한 재료 및 색상의 지원, 공간 및 벌집 구조의 생성, 다양한 가격대, 다양한 탄성을 지닌 제품(고체형태 혹은 플렉시블한 형태)의 제작

주요 응용제품: 초기 제품 생산, 기능 프로토타이핑, 선물용 제품, 토이, 로봇의 부품 등

http://vimeo.com/77222355

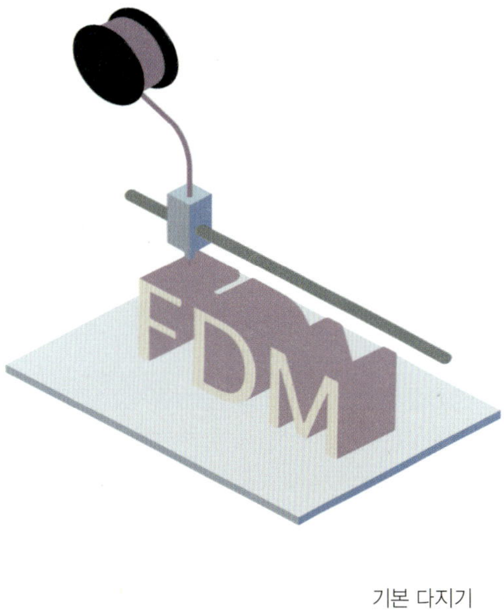

1. 열가소성: 온도의 변화에 따라 가소성과 탄성이 변하는 성질을 말한다.

➔ SLA

SLA(Stereolithograhy)

발명자: Chuck Hull(3D Systems의 창업자)

기술개요: 스테레오리소그라피는 3D 프린팅 기술 가운데 처음으로 특허에 등록된 기술입니다. 3D Systems사를 설립한 척 헐(Chuck Hull)에 의해 처음 개발된 이 기술은 액체 광폴리머 수지를 자외선 빛에 노출하여 적층하는 방식입니다.

광경화성 액상수지를 투명한 수조에 넣고, 레이저를 통하여 수조의 위 혹은 아래에서 빛을 거울을 따라 투사합니다. 강한 빛에 노출되면, 수지의 층이 경화되는데, 이를 중합(Polymerization)이라고 합니다. 이를 통해 고체의 형태를 만들어 낼 수 있는데, 한 번에 하나의 재료만을 사용해야 하는 단점이 있습니다. SLA 기술에서 얻을 수 있는 각 층의 해상도는 0.03 mm로, 아주 정교한 작업이 가능하며, 이 때문에 가격이 비쌉니다. 작업이 끝나고 나면, 용매수조에 넣어 출력물을 다듬고, 다른 화학작용이 일어나는 것을 방지해야 합니다. 출력물은 일반 불빛에서 고형화를 시키거나 자외선 오븐에서 완성하기도 합니다. 하지만 SLA 방식으로 만들어진 물체의 경우 여전히 자외선에 민감하기 때문에 장시간 노출 시 갈라짐이나 황색으로 변하는 것과 같은 손상을 입을 수 있기 때문에 주의를 기울여야 합니다. 이러한 단점에도 불구하고, 캐스터블 수지(Castable resin)는 로스트왁스(Lost wax)법을 가능하게 하기 때문에 보석메이커들에게 많이 활용됩니다. 서포터를 사용한 구조는 후가공을 통해 제거되어야 합니다. SLA 기술의 진화된 형태 중의 하나는 DLP 기술로, 레이저 대신에 디지털 비디오 프로젝터를 사용합니다. 레이저를 움직이는 대신 디지털 비디오 프로젝터를 이용한 빛의 투사는 전체 표면을 한 번에 비추게 되어 더 정확하고 빠른 작업이 가능하게 합니다.

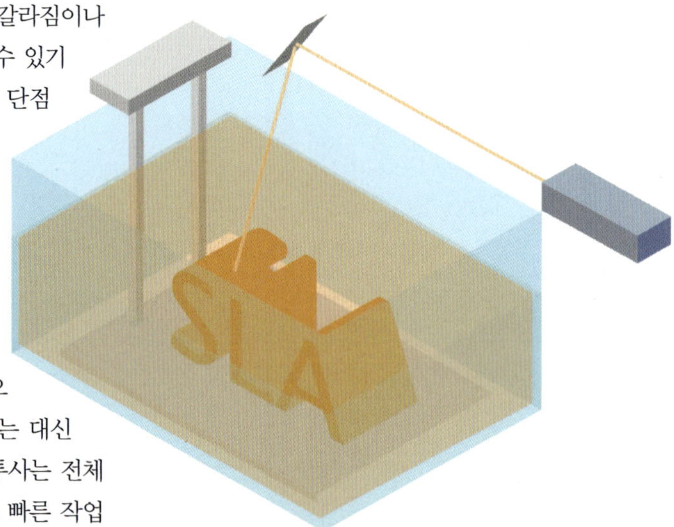

주요재료: Colored and transparent photopolymer, flexible, thermofusible photopolymer.

SLA 제조사: FormLabs, 3D Systems, MiiCraft.

DLP 제조사: EnvisionTEC, Solidator, Prodways (with MOVINGLight technology), Nova 3D, Ember by Autodesk, Lightforge, The Deep Imager 5, Roland.

장점: 정확도, 투명도, 합성가능성, 정교한 작업물

주요 응용분야: 의료, 모델작업, 보석, 피겨

http://youtu.be/NM55ct5KwiI

Polyjet

MJM(Multijet Modeling/Material Jetting)

발명자: Objet (Stratasys)

기술개요: MJM(MultiJet Modeling) 기술은 잉크젯 프린터의 기술과 상당히 유사합니다. 이 프린팅기술은 플랫폼 위에서 프린팅 헤드가 움직이면서 빛에 민감한 광폴리머 입자를 뿌려줍니다. 프린터 헤드 근처에 위치한 자외선 빛은 광 경화성 수지를 SLA 기술에서 사용했던 것과 유사한 형태로 고형화를 시킵니다. 이 과정을 각 층단위로 반복적으로 수행함으로써, MJM 방식의 3D 프린터는 3차원 물체를 만들 수 있습니다. 이 기술은 한 번에 여러 가지 다른 재료를 출력할 수 있게 하며, 또한 재료의 합성도 가능합니다. 즉, 다양한 색상, 물성, 투명도를 가진 창착물의 제작에 사용할 수 있습니다. 또한, 16미크론(0.016 mm)의 아주 고해상도를 가지기 때문에 MJM 방식의 3D 프린터는 하이앤드 래피드 프로토타이핑에 많이 사용됩니다. 텍스처, 외형 및 기능의 조절이 용이하기 때문에 산업디자이너와 엔지니어들이 선호하는 방식입니다.

MJM 방식의 3D 프린터는 100개가 넘는 입자층 및 조합으로 다양한 수지를 합성할 수 있다는 장점 때문에 시장에서 가장 경쟁력이 있는 제품으로 자리잡고 있습니다. 특히, 미세 매트릭스 합성은 일명 "디지털 재료(Digital Materials)"라고 불립니다. 젤라틴 형태 텍스처를 가진 물질이 MJM에 이용되고 있고, 워터젯(Water Jets)이나 손으로 최종 마무리를 합니다.

주요재료: Photopolymers which can be transparent, bio-compatible, colored, high-resolution, and/or simulate polypropylene, elastic or rubber, etc.

제조사: Solidscape, 3D Systems, Stratasys(Objet).

장점: 다양한 재료의 선택(고무형태, 투명한 재료 등), 다양한 컬러의 생성, 고해상도 프린팅(0.016 mm), 다양한 재료의 합성

주요 응용분야: 의료, 다재료 프로토타이핑, 인젝션 몰딩 효과, 장난감 디자인 등

http://youtu.be/OpJonLX15PM

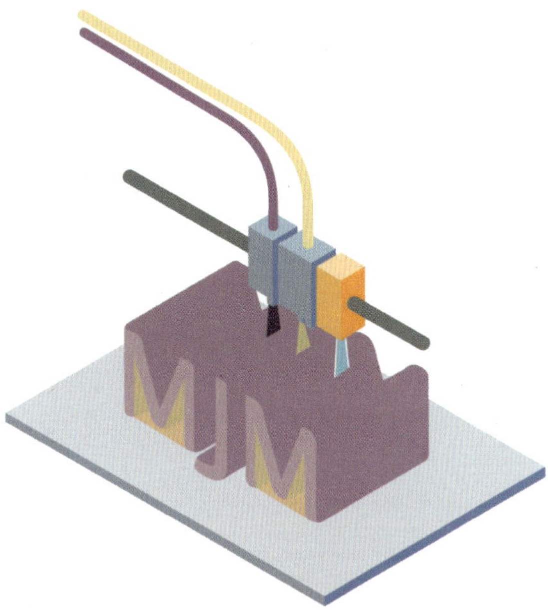

→ LOM

(LOM, Laminated Object Manufacturing)

발명자: Helisys Inc.

기술개요: 일본에서 개발된 LOM 방법은 종이를 사용하여 프린팅을 하는 기술입니다. 밀착성 종이를 프린팅 플랫폼에 펼치고 열을 가함으로써 기존 표면에 흡착될 수 있도록 합니다. 그런 다음 레이저나 날카로운 칼 등을 이용하여 원하는 형태로 해당 높이의 외곽선을 잘라냅니다. 사용되지 않은 영역은 체크 형태로 커팅을 하여 제작 공정이 끝났을 경우 제작된 물체와 다른 재료들이 분리되기 쉽게 합니다. 각 층에서 플랫폼은 종이의 두께만큼 내려가며 진행되며, 최종 작품이 완성될 때까지 이 과정을 반복합니다. 최종 제작 공정이 끝났을 때, 제작품의 추출을 위해서 작품 안쪽이나 작품의 바깥쪽에 붙어 있는 필요 없는 부분을 깔끔하게 제거하고, 종이가 잘 붙어 있는지를 확인하는 마무리 작업을 합니다.

제작품의 마무리 단계에서 제거해야 하는 것들이 반드시 존재하기 때문에, LOM 방식은 추가적인(Additive) 제조공법이라기보다는 제거적인(Subtractive) 제조공법에 가깝습니다. 닫혀진 영역안에 있는 것을 제거하는 것은 불가능하기 때문에, 내부 구조는 보통 꽉 찬 형태를 가집니다. 현재는 아일랜드의 Mcor라는 회사의 맥 코맥(McCormack)이라는 사람에 의해 고안된 SDL(Selective Decomposition Lamination) 방식의 도입으로 시장에서는 거의 사라졌습니다. SDL 방식은 LOM 방식에 사용되는 특수 종이 대신에 일반 A4용지를 사용함으로써, 수백만의 다양한 색상으로 프린팅할 수 있게 하였습니다. 로보틱 휠을 사용하여 종이와 종이사이에 풀을 칠하여 서로 밀착될 수 있는데, 이 방식은 종이를 활용한 3D 프린팅 방식의 가능성을 무한히 확장하였습니다.

주요재료: Paper, Plastic Film

LOM 주요 제조사: Cubic Technologies, Solido

SDL 주요 제조사: Mcor Technologies

장점: 화학반응을 사용하지 않음, 왜곡이 없는 큰 크기의 작품 제작 가능, 나무와 유사한 성질의 제작품, 열에 강함, 추가 기계작업이 가능

주요 응용분야: 토포그래픽 맵, 조각, 구조물, 건축, 의료, 고고학, 박물관, 풍경 등

http://youtu.be/4ebj6hH0HnY

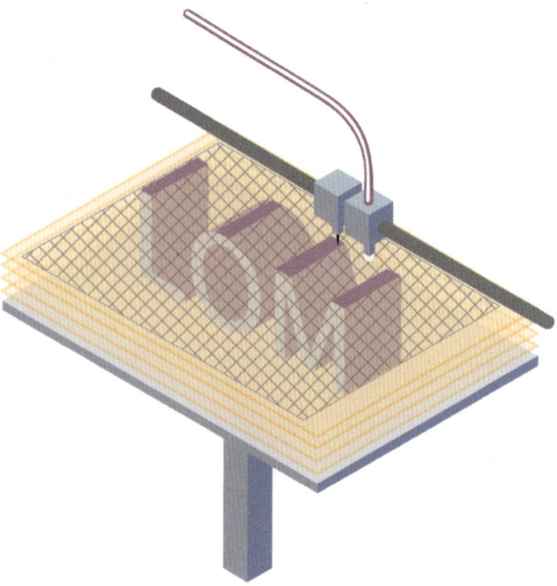

→ 3DP/BLINDER JETTING/ZPRINTING

(Three Dimensional Printing, Inkjet Head)

발명자: Z Coporation

기술개요: MIT에서 개발된 이 기술은 다색채 작품에 적합하며, 착색이 가능한 바인딩 구조에 파우더를 이용합니다. 아주 미세한 파우더를 로봇 팔(Robotic Arm)을 사용하여 표현에 일정한 속도로 뿌립니다. 바인딩 구조(Binding agent)가 표면을 한 번 지날 때마다 해당 영역에 파우더를 노즐을 이용해 뿌리는 방식입니다. 플랫폼이 수십분의 1 mm 단위로 한 층씩 내려가면서 적층하는 방식하며, 이러한 공정을 반제 작품이 될 때까지 반복적으로 진행합니다. 출력 결과물은 마무리 작업으로 흡착도구를 활용하여 주변에 있는 파우더를 제거해야 하며, 마지막으로, 색상이 입혀진 부분에 스프레이를 뿌리고, 시아노아크릴레이트(cyanoacrylate) 수조에 넣어서 향상된 색상과 작품의 내구성을 확보하여 사용합니다.

주요재료: Sandstone, plaster, sugar, acrylic powder, ceramic powder, calcium carbonate

제조사: Z Corp (1995-2012), 3D Systems (2012 until today), Foschif Mechatronics Technology.

장점: 우수한 색상, 자유로운 형태의 구현

주요 응용분야: 조각, 피겨, 재제조, 복제, 박물관 작품, 교육용 등

http://vimeo.com/16882178

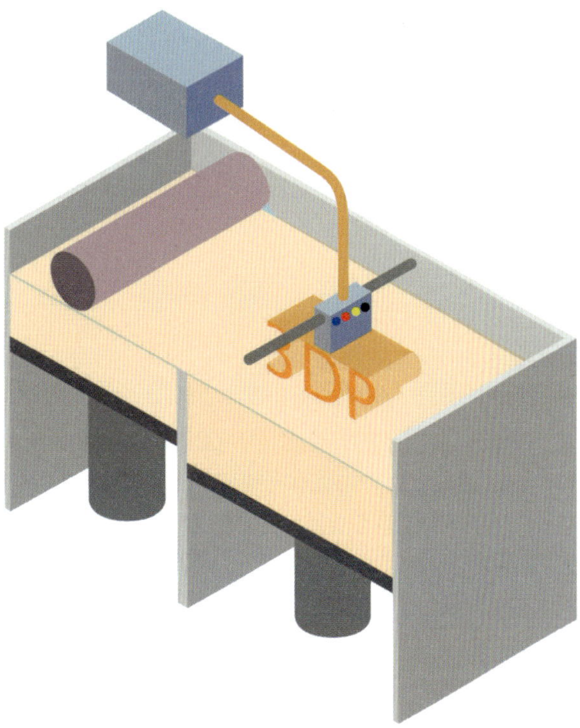

➔ SLS

(SLS, Selective Laser Sintering)

발명자: Carl R. Deckard

기술개요: SLS 방식은 1980년대 개발된 기술로서 매우 복잡하고 독창적인 대상을 출력할 수 있어서, 소량의 혁신적인 디자인을 가진 제품을 생산하기에 적합한 기술입니다. 이 방식은 소결물(Sinter)에 레이저를 주사하여, 소결과정은 녹는점 바로 아래까지 물질의 온도를 높임으로써 각 입자들이 서로 뭉칠 수 있도록 하는 원리를 적용하였습니다. 열을 높이는 것과 동시에 레이저를 파우더에 주사함으로써 파트들이 서로 결합될 수 있도록 합니다. 이 기술에서는 재료의 굵기가 최종 결과물의 해상도를 결정하는 중요한 역할을 합니다. 사용되는 파우더는 열가소성플라스틱이거나 금속기반이고, 레이저의 강도에 따라 재료가 선택됩니다. SLM(Selective Laser Melting) 방식이 하나의 재료만을 사용하는 반면에, SLS 방식은 합성재료나 여러 재료를 동시에 사용해서 작품을 제작할 수 있습니다. 실제 제작은 통제된 환경에서 캡슐화된 파우더의 통에서 이루어집니다. 로봇 롤러가 아주 얇은 층으로 물질을 프린팅 플랫폼에 펼치고, 다음 레이저를 다면적의 펼쳐진 표면에 주사되며 평면상으로 예상되는 오브젝트의 모습에 따라 파우더를 소결합니다. 파우더와 레이의 순서를 반복함으로써 점진적으로 오브젝트를 만들어갑니다. 제작된 물체를 지지하기 위해 사용된 추가 파우더들은 재활용이 가능합니다. 출력의 마지막 과정은 챔버에서 열을 식히고, 제작품에 묻어 있는 원재료들을 에어제트(air jet) 등을 활용하여 제거하는 것입니다. 나이론파우더베이스에서 제작된 제작품은 다공성이어서, 손쉽게 염색 등으로 색상을 입힐 수 있으며 광택도 낼 수 있습니다. SLS 방식의 3D 프린터는 한 번에 여러 개의 프로젝트를 출력하는 것에 최적화되어 있기 때문에 수요맞춤형 3D 프린팅 서비스에 적합합니다. 레이저 소결 모델(Laser sintered model)은 소모품을 절약하기 위해 내부 공간을 많이 활용하는 것이 좋습니다. 그렇기 때문에 내부 공간에 채워진 파우더를 제거하기 위해 구멍을 만들어야 할 때가 있습니다.

주요재료: Nylon(sometimes combined with other "non-sinterable" materials), polystyrene, steel, titanium, "green sand", etc.

주요 제조사: EOS, 3D Systems, Voxeljet

장점: 속도, 추가지지구조가 없는 복잡한 작품, 내구성 및 유연성, 큰 작품

주요 응용분야: 건축, 상용 3D 프린팅 서비스, 디자인학교, 프로토타이핑

http://vimeo.com/14737152
http://youtu.be/YN8NZJYboHg

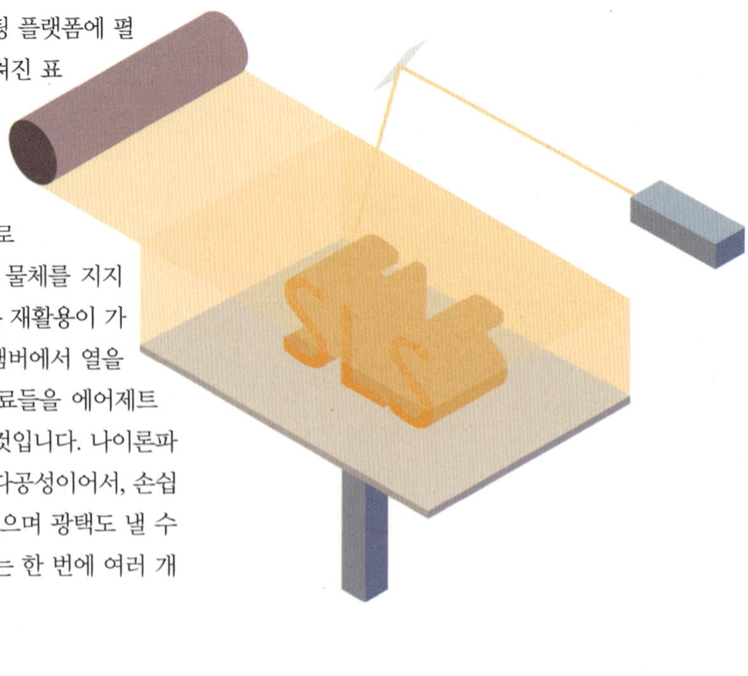

개인용 3D 프린터 선택

앞 장에서 다루었듯이, 3D 프린팅에는 여러 가지 다른 기술이 사용되고 가격 또한 상당히 다양합니다. 이 중 FDM/FFF 방식은 대중들이 사용할만한 가격대이며, 이를 제공하는 몇몇 혁신적인 회사들에 대한 설명과 함께 디지털 제조가 어떻게 확산되었는지를 이 장에서 다룹니다. 또한, SLA와 DLP 기술을 사용하는 몇몇 저렴한 프린팅 제품들을 함께 소개합니다.

MakerBot

2009년에 브루클린에서 설립된 미국 3D 프린팅 회사인 메이커봇은 브리 페티스(Bre Pettis), 아담 메이어(Adam Mayer), 자크 스미스(Zach Smith) 등 3명의 메이커의 합작으로 만들어진 회사입니다. 이들 그룹의 첫 번째 프린팅은 컵케이크(Cupcake)라는 전설적인 제품이었습니다. 레이저커트 나무케이스로 만들어진 0.3 mm의 두께를 지원하는 ABS 필라멘트 3D 프린터입니다. 그후 Thing-O-Matic이라는 제품을, 그리고 Replicator라는 제품을 연속해서 출시했습니다. 여전히 나무케이스였지만 좀 더 큰 크기로 제작되었습니다. 2012년 9월에 메이커봇은 Replicator 2를 출시하면서 기존의 나무케이스를 금속케이스로 바꾸었습니다. PLA 필라먼트를 ABS 대신 사용할 수 있었고, 아크릴 프린팅 베드에서 가열 알루미늄 프린팅 베드로 바꾸면서 상당한 성공을 거두었습니다.

또한, 메이커봇은 메이커봇 소프트웨어를 런칭하면서, 오픈소스 커뮤니티의 도움이 필요 없는 자기들만의 환경을 구축하였습니다. Replicator 2는 3,000불 이하의 시장에서 오랫동안 1위의 자리를 지키고 있으며, 2014년 Stratasys가 메이커봇을 인수한 이후, 더욱 경쟁력 있는 가격으로 전 세계시장에 판매되었고, 세계시장에서 경쟁하기 시작했습니다. Replicator 2의 후속모델인 Replicator 2X(초기 Replicator 모델을 기반으로 2개의 노즐 및 가열 프린팅 베드를 가지고 있음)나 5세대 Replicator(통합 모니터링이 가능하고 유리플레이트 및 와이파이, LCD 등을 가지고 있음)도 시장에 출시되었고 귀추가 주목됩니다.

2014년 여름에 메이커봇은 Replicator 미니 3D 프린터와 초대형 Z18 모델을 시장에 소개하며 여전히 3D 프린팅 산업의 가장 경쟁력 있는 혁신기업으로 알려져 있습니다.

Name : Replicator Mini
Country : USA
Size (mm) : 295 x 310 x 381
Build volume (mm) : 100 x 100 x 125
Filament diameter (mm) : 1.75
Min. layer thickness (mm) : 0.20
Material : PLA

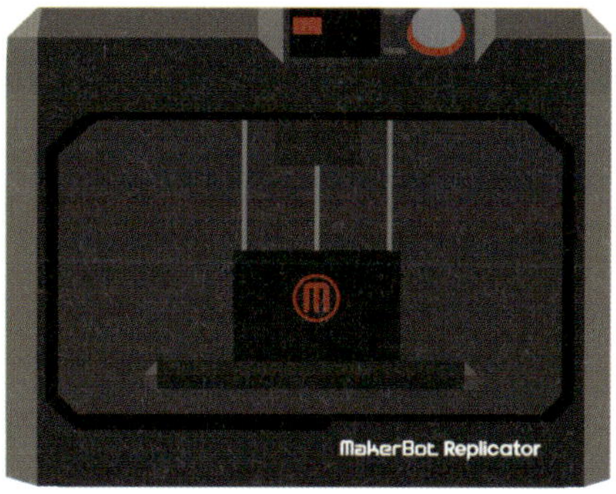

Name : Replicator (5th génération)
Country : USA
Size (mm) : 528 x 441 x 410
Build volume (mm) : 252 x 199 x 150
Filament diameter (mm) : 1.75
Min. layer thickness (mm) : 0.10
Material : PLA

Name : Replicator Z18
Country : USA
Size (mm) : 493 x 565 x 854
Build volume (mm) : 300 x 305 x 457
Filament diameter (mm) : 1.75
Min. layer thickness (mm) : 0.10
Material : PLA

REPRAP

2005년 영국 Bath 대학의 교수인 에이드리언 보이어(Adrian Bowyer) 박사는 자기복제가 가능한 새로운 프로토타이핑 머신에 대한 아이디어를 개발하였습니다. 압출식 적층모델(Fused deposition modeling)의 일부 주요 특허가 풀리는 시점이었고, 원 발명자인 Scott Crump가 생각하지 못했던 점을 보완하여 새롭게 탄생하였습니다. 2005년 3월 블로그를 통해 The RepRap(Replicating Rapid Prototyper 의 줄임말) 프로젝트를 소개하면서 오픈소스 3D 프린팅 혁신이 시작되었고, 미국에서 일어나고 있는 메이커 운동(Maker Movement)의 원동력이 되었다고 할 수 있습니다. 2008년 이후 RepRap 프로젝트는 세계적인 현상이 되었고, 그 일환으로 RepRap Darwin이 소개되었습니다. 전 세계의 디자이너, 엔지니어, 취미가들이 근 20년 이상을 고대하던 합리적인 가격 수준에 스스로 제작할 수 있는 키트 형태의 3D 프린터를 만날 수 있게 되었습니다. 이후, RepRap 3D 프린터는 인터넷에 무료로 공유되었고, 빠른 속도로 후속 모델들이 개발되었습니다.

여러 회사들이 저렴한 가격의 3D 프린터를 시장에 내놓고 있음에도 불구하고, 여전히 RepRap 프로젝트들은 계속 진행 중에 있습니다. 다윈(Darwin) 이후 멘델(Mendel)이라는 모델과 헉슬리(Huxley)라는 모델이 시장에 소개되었고, 수많은 천재적인 디자이너들이 다양한 변종의 프린터들을 계속해서 개발하고 있습니다. 무엇보다도, 프레임을 제작하기 위한 레이저 커팅 기술 등 여러 다양한 3D 프린팅 기술을 포괄하는 RepStrap이라는 프로젝트도 시작되었습니다. 첫 번째 MakerBots나 Ultimaker, PrintrBots 같은 것들도 이러한 범주에 속합니다.

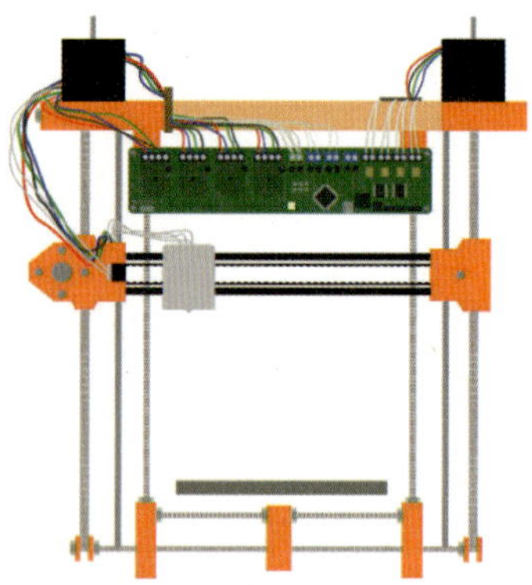

Name : RepRapPro Huxley
Country : United Kingdom
Size (mm) : 260 x 280 x 280
Build volume : 140 x 140 x 110
Filament diameter : 1.75
Min. layer thickness (mm) : 0.20
Material : PLA, ABS

ULTIMAKER

2011년(메이커봇이 설립된 지 3년 후)에 설립된 네덜란드의 작은 회사인 ULTIMAKER는 3D 프린팅 회사들 중에서 상징적인 존재로 등장했습니다. ULTIMAKER는 RepRap 프로젝트로부터 시작하였지만 Adrian Bowyer와는 달리 자기복제(Self-replicate) 방식을 추구하지는 않았습니다. 미국의 경쟁사들과 유사하게 ULTIMAKER는 나무 케이스의 DIY형태의 3D 프린터를 팔기 시작했지만, MakerBot과는 달리 오픈소스 개발 플랫폼을 추구하고 유지하였습니다. 이러한 전략은 회사의 지속적인 성장과 투자에도 영향을 미쳤으며, 좋은 브랜드 이미지를 유지할 수 있도록 하였습니다. 전 세계의 FabLabs과 Makerspaces로부터 공감을 얻을 수 있었으며 시장에서도 좋은 성과를 창출할 수 있었습니다. 2013년에는 Ultimaker 2를 소개했으며 이는 공장에서 조립되어 판매되었습니다. 우아하고 프로페셔널한 디자인은 시장에서 매우 성공적이었고, MakerBots의 Replicator 2의 경쟁자가 되기에도 충분했습니다. 다른 수많은 3D 프린터와 비슷하게 Ultimaker는 Cube-shaped 포맷을 사용합니다. Ultimaker는 Cura(Ultimaker 커뮤니티에 의해 만들어짐)라는 소프트웨어를 제공하며, 일반적인 1.75 mm 대신에 3 mm 필라멘트를 사용하고, ABS뿐만 아니라 PLA로도 출력이 가능한 가열 유리 베드를 제공합니다. Cura 소프트웨어는 프린팅의 파라미터를 다양하게 설정할 수 있어, 전문가들이 더욱 더 다양한 목적으로 활용할 수 있는 길을 열어줍니다. ULTIMAKER는 또한 다양한 3D 파일들을 공유하고 다운로드할 수 있는 웹기반 플랫폼인 YouMagine을 제공하고 있습니다.

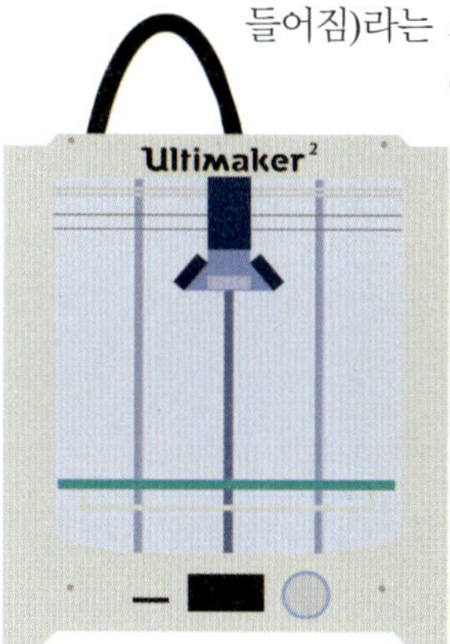

Name : Ultimaker 2
Country : Holland
Size (mm) : 350 x 350 x 400
Build volume (mm) : 230 x 225 x 205
Filament diameter (mm) : 3
Min. layer thickness (mm) : 0.05
Material : PLA, ABS

ZORTRAX

ZORTRAX는 폴란드 기반으로 한 회사로 2014년에 세워졌습니다. 사람들이 3D systems나 Stratasys, PP3D가 전략적으로 내세우는 고해상도의 더 저렴한 가격의 차세대 프린터를 기대하고 있을 때, 이 회사가 내놓은 신제품은 곧바로 유럽시장의 새로운 리더가 되었습니다. 이 회사의 첫 번째 모델인 M200은 플라스틱 스풀, 메탈 프레임, 가열 프린팅 베드로 구성되었고, 소프트웨어는 최고의 모델들을 만들 수 있도록 최적화되어 있었습니다. 가격 또한 상당히 저렴해서, 젊은 전문가들, 취미가들이 창작활동을 하는 데에 M200을 부담 없이 사용할 수 있었습니다. M200은 놀라운 수준의 정확도를 가진 ABS 파트를 만들 수 있었으며 Z-suite라는 전용 소프트웨어는 FFF 방식의 3D 프린팅에 최적화하고, 좋은 브랜드 이미지와 광고, 또한 우수한 기술력으로 다른 경쟁자들을 시장에서 압도하기에 충분하였습니다.

Name : M200
Country : Poland
Size (mm) : 345 x 360 x 430
Build volume (mm) : 200 x 200 x 185
Filament diameter (mm) : 1.75
Min. layer thickness (mm) : 0.09
Material : ABS

FORMLABS

FORMLABS사는 Stereolithography 방식의 3D 프린터를 비교적 합리적인 가격에 내놓은 첫 번째 회사입니다. MIT 학생들에 의해 만들어진 이 회사는 3차 산업혁명의 대표주자 중의 하나로, 2012년 10월, 킥스타터(Kickstarter)에서 300만 달러를 모집하는 상당한 성공을 거두었습니다.

관련 주요 특허가 만료되는 시점에 내놓은 Form 1+모델은 동 가격대의 최고의 해상도를 가지고 있었으며, Formlabs의 CEO이자 창업자인 Maxim Lobvosky는 SLA 기술의 개발자인 3D Systems로부터의 특허 소송 등으로 인해 창업초기에 상당한 어려움이 있었지만 포기하지 않았고, 마침내 Form 1+라는 놀랄만한 기기를 시장에 내놓았습니다. 이 프린터는 특히 보석디자이너나 소형부품디자이너에게 최적화되어 있습니다. 매우 쉽고 간단한 전용 소프트웨어와 함께 전용 마무리 키트까지 제공하여 3D 데스크톱 프린터에서 보석과 같은 존재입니다. 놀랄 만큼 조용하고 정교한 이 프린터에도 약간의 약점이 있었는데, 레진의 가격, 프린트된 결과물의 기계적 특성이 좋지 않다는 것, 그리고 작은 크기의 출력만 가능하다는 점입니다. From1+는 초기 Formlabs 기기들보다 더 빠르고 정교하게 개발되었으며, 현재 Formlabs의 핵심 제품입니다.

Name : Form 1+
Country : USA
Size (mm) : 300 x 280 x 450
Build volume (mm) : 125 x 125 x 165
Min. layer thickness (mm) : 0.025
Material : Photopolymer resin

EMBER (A.K.A. SPARK)

2014년 5월, Autodesk가 SPARK라는 3D 프린팅에 최적화된 서비스, 재료, 소프트웨어를 만들 수 있는 오픈플랫폼을 소개하였을 때 수많은 사람들은 상당한 흥분감을 감추지 못했습니다. 반면, 많은 미디어들은 같은 때에 대중에게 공개된 DLP(Digital Light Processing) 3D 프린터에 스포트라이트를 비추었습니다.

Autodesk사의 첫 번째 하드웨어는 SPARK의 보수, 슬라이싱, 툴패스 생성을 위한 쇼케이스로 만들어졌습니다. 이 하드웨어는 실제로 시장에서는 거의 보급되지는 않았습니다. 많은 사람들이 사용해보길 원했으나 실제 아주 소수의 사람만이 실제로 사용해 볼 수 있었습니다. 이 이름 없는 하드웨어에 몇몇 사람들은 SPARK라는 플랫폼 이름을 붙여서 부르고 있습니다. 아직은 미국의 몇몇 Makerspaces만이 Ember를 소유하고 있습니다. 이 하드웨어는 기존 어떤 3D 프린터보다도 정교하고 빠른 제품으로 알려져 있습니다.

Name : EMBER
Country : USA
Size (mm) : 325 x 340 x 434
Build volume (mm) : 64 x 40 x 134
Min. layer thickness (mm) : 0.025
Material : Photopolymer resin

PRINTRBOT

Printrbot은 캘리포니아 웹 디자이너인 Brook Drumm에 의해 시작된 프로젝트로 2011년 킥스타터에서 첫 번째 모델이 소개되고 상당한 성공을 거두었습니다. RepRap 커뮤니티의 아이디어에서 시작하여 그는 저렴한 가격에 확장 가능한 프린터를 시장에 내놓았습니다.

첫 번째 제품 이후 7개의 제품군을 추가로 개발하였으며 레이저커트 나무프레임을 이용하다가 메탈 프레임으로 전환하였습니다. Printrbot 제품군은 3D 프린터 분야로 진입하려는 다양한 사용자들을 타깃으로 하고 있습니다. 1시간 정도면 조립 가능한 이 제품은 집에서 작업하는 것에 최적화되어 있습니다(주말 프로젝트, 보수, 작은 여분의 부품 제작 등). 가장 저렴한 가격대를 고수하고 있는 프린터 제품으로 3D 프린터가 집으로 확산되는 데 상당한 기여를 하고 있습니다. Printrbot은 전용소프트웨어를 가지고 있지 않지만, Repetier-Host나 Cura 같은 오픈 Slicer를 사용할 수 있습니다. 회사의 궁극적인 목표는 모든 집에 3D 프린터가 보급되는 것이라고 합니다.

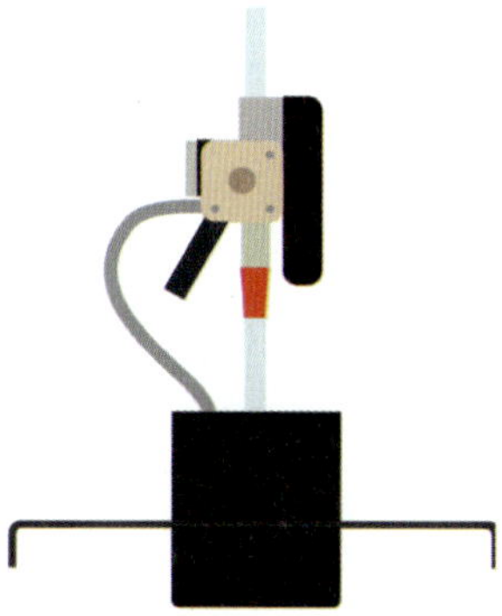

Name : Printrbot Simple Metal
Country : USA
Size (mm) : 356 x 254 x 406
Build volume (mm) : 150 x 150 x 150
Filament diameter (mm) : 1.75
Min. layer thickness (mm) : 0.10
Material : PLA

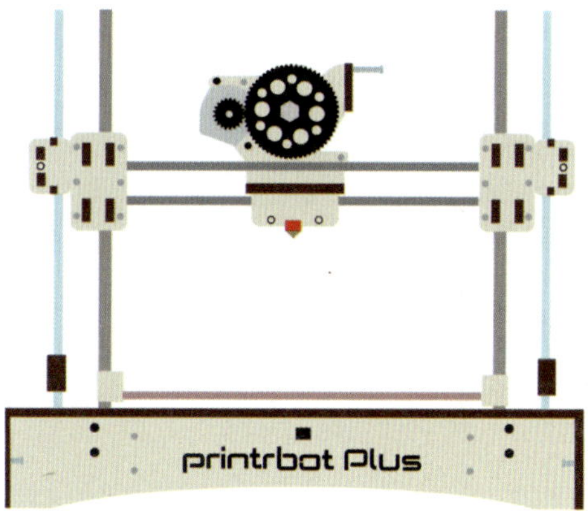

Name : Printrbot Plus
Country : USA
Size (mm) : 508 x 508 x 508
Build volume (mm) : 203 x 203 x 203
Filament diameter (mm) : 1.75
Min. layer thickness (mm) : 0.10
Material : PLA, ABS

CUBIFY

Cubify는 3D Systems가 개인용 시장에 들어가기 위해 개발된 제품라인입니다. 제품이 런칭되자마자 전 세계 가전 매장에 Cube 데스크톱 3D 프린터가 전시될 수 있었습니다. 이러한 마케팅 전략은 3D 프린팅을 보급하는 중요한 첫 걸음이라 생각했지만 실제 판매량은 저조했고, 아픈 기억으로 남았습니다.

Cube는 "부자들의 장남감"이었습니다. 정확도로 보면 전문가가 쓰기에는 부족했고, 가격은 일반 취미가가 쓰기에는 너무 고가였습니다. 더군다나 잉크젯 프린터 모델에 기반을 두었던 비즈니스 모델이었기에 리필이 불가능한 카트리지는 여타 경쟁제품(MakerBot)에 비해 터무니없이 비쌌습니다. 초기 Cube 모델은 메탈 케이스가 아닌 플라스틱 케이스로 PP3DP의 Up! 모델과 유사한 점도 있습니다.

큰 사이즈 모델인 Cube Pro Trio는 3가지 색상을 동시에 제공합니다. 이러한 방식은 제작품의 품질에 나쁜 영향을 미친다는 평이 많지만, Cube는 어린이들이 사용할 수 있도록 안전하게 설계되었고, 자석 프린팅 베드, 와이파이의 지원 등 몇몇 장점을 가지고 있습니다. Cubify가 개발한 3D 스캐너인 Sense, iSense는 좋은 평가를 받고 있으며, Cube의 스페셜 에디션인 EKOCYCLE은 코카콜라 PT병을 활용하여 친환경적으로 제작되었습니다.

현재 시장의 흐름에 맞추는 전략 및 과거의 잘못된 접근에 대한 솔루션의 분석을 토대로, 3D Systems사는 3D 프린팅 업계의 거인으로서 개인용 3D 프린터 시장에 새롭게 접근하고 있습니다.

Name : Cube 3
Country : USA
Size (mm) : 335 x 338 x 280
Build volume (mm) : 152 x 152 x 152
Filament diameter (mm) : 1.75
Min. layer thickness (mm) : 0.10
Material : PLA, ABS (recycled PET)

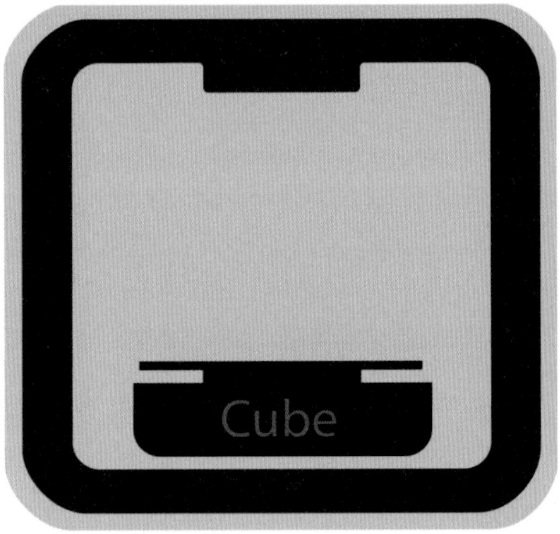

Name : Cube Pro
Country : USA
Size (mm) : 578 x 578 x 591
Build volume (mm) : 273 x 273 x 241
Filament diameter (mm) : 1.75
Min. layer thickness (mm) : 0.07
Material : PLA, ABS

PP3DP

다양한 색상과 금속케이스, 그리고 작은 사이즈의 PP3DP의 개인용 프린터는 외형 디자인이 아름다울 뿐만 아니라 놀라울 정도의 스피드를 가지고 있습니다. 중국에서 제조되었으며, PP3DP는 거의 모든 사용자 요구에 부합하는 제품이라고 할 수 있습니다. 새로 소개된 UP!Plus2는 이전 제품의 장점과 함께 더 빠르고 정확하며 다양한 연결성을 확보하였습니다. 2010년에 처음 소개되었을 당시 UP!3D 프린터는 Plug and Play라는 콘셉트를 도입하였고, 이는 기존의 RepRap 프로젝트의 철학과는 달리 하드웨어와 소프트웨어 모든 부분을 생산하며 부분적인 업그레이드나 구성, 수리하는 것을 통제하였습니다. 이로 인해 프린팅 베드를 조절하거나 온도를 바꾸거나 부품을 교체하는 것들이 상당히 어려웠고, 기존의 메이커나 해커들에게는 자유도를 제공하지 못해 제품 평이 나뉘었습니다.

하지만 UP!3D 프린터는 일반적으로는 매우 잘 작동했으며 인상적인 결과물을 전달했기 때문에, 학교처럼 프린팅 기기자체보다는 디자인결과물에 중점을 두는 기관들에서는 상당히 인기가 있습니다. 다른 모델로 UP!Mini로 더 작은 버전이지만 프린팅 시 발생하는 열을 거의 완벽하게 차단하는 구조를 가지고 있습니다. 주로 사용되는 재료는 ABS인데, 재료특성상 큰 사이즈로 인쇄 시 형태가 변형되거나 분리되는 단점이 있습니다. 그러나 UP!3D는 좋은 기계적 물성 개발을 통해 고품질의 ABS 기반 인쇄물을 출력할 수 있게 합니다. PP3DP사에서 제조된 것 이외의 1.75 mm 필라멘트도 사용할 수 있으나 녹는 온도의 차이가 있으므로, 동사의 필라멘트를 사용하는 것을 권장합니다.

Name : UP! Mini
Country : China
Size (mm) : 240 x 355 x 340
Build volume (mm) : 120 x 120 x 120
Filament diameter (mm) : 1.75
Min. layer thickness (mm) : 0.15
Material : ABS, PLA

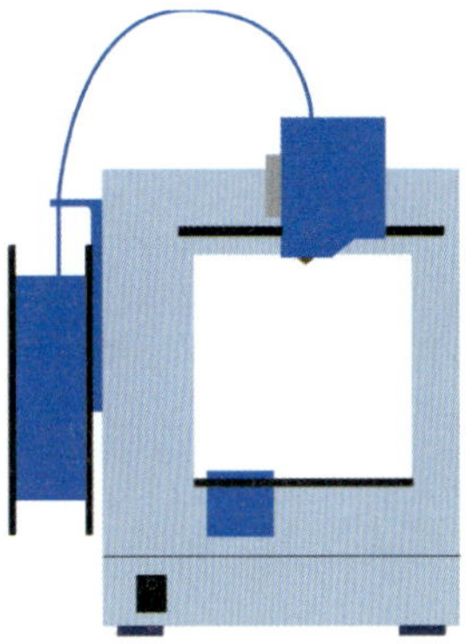

Name : UP! Plus 2
Country : China
Size (mm) : 300 x 260 x 350
Build volume (mm) : 140 x 140 x 135
Filament diameter (mm) : 1.75
Min. layer thickness (mm) : 0.15
Material : ABS, PLA

TINKERINE

캐나다 기반의 TINKERINE사는 3D 프린터 기기완성도를 확보한 회사입니다. 나무로 된 DITTO3D 프린터의 성공 이후, 미니멀한 디자인의 매력적인 프린팅 기기를 시장에 내놓았습니다. Tinkerine은 미국의 Ultimaker와 유사한 회사라고 말할 수 있는데, 이는 단순히 디자인뿐만 아니라, 그들이 몇 해에 걸쳐 운영, 관리 해온 강력한 커뮤니티 때문이기도 합니다. Ditto는 폐쇄적인 공간구조의 일반적인 FFF 방식의 3D 프린터와 달리 쉽게 접근할 수 있고, 청소가 편리한 C 프레임의 구조를 가지고 있습니다. Ditto Pro는 또한 히든 스풀 모듈을 가지고 있어서 오피스 데스크에 잘 어울리는 디자인을 갖추고 있습니다. 프린트 품질은 상당히 우수한 편이며, Tinkerine Suite라는 소프트웨어를 사용해서 작업을 수행할 수 있습니다. Tinerine Suite는 Cura에 기반을 두어 만들어졌으며, 직관적인 인터페이스를 가지고 있습니다. Ditto Pro는 Ultimaker 2와 같이 유리로 된 플레이트를 가지고 있기 때문에 프린팅할 때 부품들이 구부러지는 것을 방지하기 위해 테이프이나 풀 등으로 고정할 필요가 없습니다.

SOLIDOODLE

SOLIDOODLE은 MakerBot의 전직 엔지니어에 의해 창립되었습니다. 그의 오랜 경험을 바탕으로 경쟁력 있는 가격에 조립된 형태의 3D 프린터를 생산할 수 있었습니다. 이 회사는 조립이 필요 없는 FFF 방식의 3D 프린터를 500불 이하의 가격으로 내놓았습니다. 2011년 당시에는 DIY KIT 형태의 제품만이 시장에 있었기 때문에 그의 차별화 전략은 매우 성공적이었습니다.

최초 모델은 “베어본” 형태로 판매되어, 실제 조립되기 위해서는 추가 비용을 부담해야 했고, 새로운 제품이 출시될 때마다 가격이 1,000불 근처까지 조금씩 올랐지만, 1,000불대에서는 다른 제품들에 비해 Solidoodle은 오픈 아키텍처와 상대적으로 사용하기 쉬운 프린터라는 강점을 여전히 가지고 있습니다. Solidoodle은 PLA도 프린팅 재료로 사용할 수 있지만 기본적으로는 ABS에 최적화되어 있습니다. 가격대비 성능이 좋은 편이고 유지비가 적게 들기 때문에 적은 비용을 투자해야 하는 프리랜서 디자이너나 엔지니어에게는 적당한 선택이 될 수 있을 것입니다.

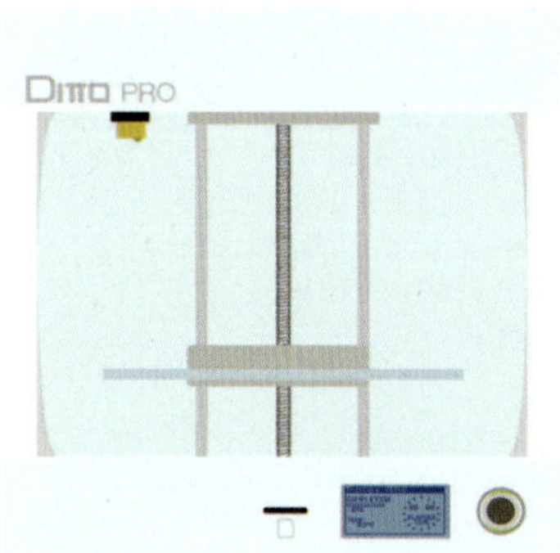

Name : Ditto Pro
Country : Canada
Size (mm) : 370 x 390 x 436
Build volume (mm) : 225 x 165 x 205
Filament diameter (mm) : 1.75
Min. layer thickness (mm) : 0.05
Material : PLA

Name : Solidoodle (4th génération)
Country : USA
Size (mm) : 343 x 356 x 381
Build volume (mm) : 203 x 203 x 203
Filament diameter (mm) : 1.75
Min. layer thickness (mm) : 0.10
Material : PLA, ABS

BEEVERYCREATIVE

이 브랜드는 멋진 외관의 포터블한 필라멘트 3D 프린터인 BEETheFirst로 유명합니다. 포르투갈에서 설립된 이 회사는 학교나 디자이너, 일반 소비자를 위해 "플러그앤플레이(Plug and Play)" 방식을 도입했습니다. 우수한 디자인으로 수상경력이 있는 Bee 기기는 반드시 이 책에서 다뤄져야 할 최고의 3D 프린터 중의 하나입니다. 비슷한 카테고리에 있는 MakerBot의 Replicator Mini의 경우 작은 PLA 스풀, 느린 속도, 평균 정도인 해상도를 가지고 있는 데 반해 Bee는 프린터 프레임에 자석으로 된 플레이트, 그리고 최고의 Out-of-the-Box 경험을 제공하는 딱 맞는 핸들 구조를 가지고 있습니다. 쓸모없는 도구들을 제공하기보다 자석, 기구조절 및 강한 메탈 보디를 활용하여 가장 단순한 방법으로 제품을 개발하였습니다. LCD 스크린도 없기 때문에 BeeSoft를 깔아서 모든 것을 설정해야 하고, 노즐이 막혔을 때, 배출구를 청소하기가 약간은 불편하다는 단점이 있습니다.

Name : BEETHEFIRST
Country : Portugal
Size (mm) : 400 x 140 x 400
Build volume (mm) : 190 x 135 x 125
Filament diameter (mm) : 1.75
Min. layer thickness (mm) : 0.10
Material : PLA

DREMEL

Dremel은 합리적인 가격 그리고 다양한 매뉴얼 기능으로 Maker나 Tinkerer에게 사랑받는 회사입니다. 더 넓은 디지털 세상을 열겠다는 목표를 가지고 8년 전에 미국에서 설립되었으며, 현재는 BOSCH에 합병되었습니다. 이 회사는 어떻게 소비자를 만족시키고, 좋은 브랜드를 유지하는지를 철저히 분석하고 개발에 적용합니다. 첫 번째 3D 프린터인 Idea Builder는 FlashForge Dreamer에 기반하고 있으며, Dreamer는 MakerBot Replicator 2의 중국 버전 프린터입니다. Dremel은 그들의 첫 번째 프린터에서 사용자경험, 도큐멘테이션, 가격, 기술 등에서 최선을 다했고 그런 것들이 Dremel의 3D 프린터가 다른 어떤 프린터보다 많이 팔리게 된 이유일 것입니다. Idea Builder는 전문 디자이너를 대상으로 했다기보다는 집에 새로운 어른용 장난감을 두고자 하는 일반인을 대상으로 했습니다. 다른 일반인을 대상으로 하는 브랜드와 마찬가지로, Dremel은 3D 파일을 다룰 수 있는 간단한 소프트웨어를 제공하고 있으며, 여러 복잡한 기능들을 제거함으로써 사용하기 쉬운, 매력적인 가격의 프린터로 인식되고 있습니다.

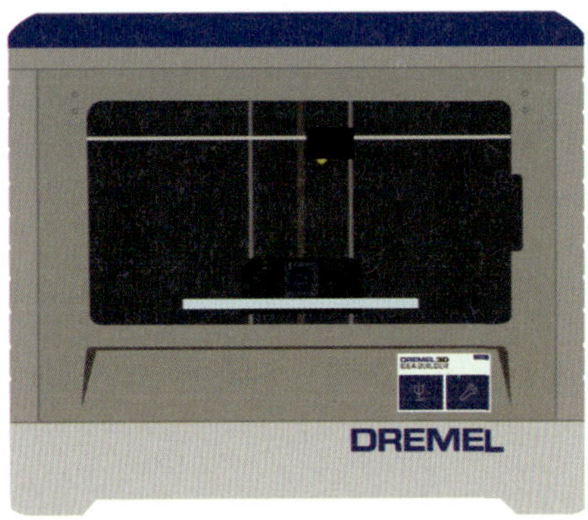

Name : DREMEL 3D Idea Builder
Country : USA
Size (mm) : 400 x 485 x 335
Build volume (mm) : 230 x 150 x 140
Filament diameter (mm) : 1.75
Min. layer thickness (mm) : 0.10
Material : PLA

IDEA Series (STRATASYS)

Stratasys는 3D 프린팅 업계의 리더로서의 자리를 공고히 하고 있습니다. FDM 기술과 관련한 다양한 특허를 보유하고 있고, MakerBot을 비롯하여 수많은 회사를 소유하고 있는 국제적인 회사입니다.

Stratasys는 대기업이나 대형 제조사를 위한 하이앤드 제품 및 장비로 잘 알려져 있지만, 개인용 프린팅에서도 유명한 MoJo라는 제품을 포함하여 Idea 시리즈를 보유하고 있습니다. Mojo는 전문가용 래피드 프로토타이핑 기계로서 산업용 추가 제조 공법에 관련한 다양한 기능들을 제공합니다. 예를 들어, 서포터를 녹일 수 있는 추가 배출 노즐 같은 것이 예입니다. 해상도에 있어서는 여타 기기들에 비해 우수하지는 않으나 제작품의 질에 미치는 영향은 그리 크지 않습니다. 특히, 용해성 서포터 사용은 FDM 3D 프린팅의 핵심 기술 중의 하나입니다. 이 기술이 없으면 매우 복잡한 구조로 설계가 되어야 하며, 특히 맞물려 움직이는 부분이 있을 경우 더 복잡해 질 수 있습니다. 즉, 용해성 서포터의 사용을 통해 설계 시 서포터에 대한 고려 및 후 가공을 위한 추가적인 시간과 노력이 충분히 절약될 수 있습니다. 현재 프로슈머나 개인용 3D 프린팅 시장에는 2중구조의 노즐을 갖춘 프린터가 상당히 있음에도 불구하고 용해성 서포터재료 PVA/HIPS를 사용하는 프린터는 Mojo밖에 없습니다. 향후 관련지식이 오픈되었을 때의 시장의 큰 변화가 기대됩니다.

Name : Mojo
Country : USA
Size (mm) : 630 x 450 x 530
Build volume (mm) : 127 x 127 x 127
Filament diameter (mm) : 1,75
Min. layer thickness (mm) :0.17
Material : ABS

3D 프린팅 파일 형식

3D 모델링 파일은 다양한 파일 형식으로 저장될 수 있습니다. 대부분의 3D 소프트웨어는 SketchUp의 SKP 파일, Solidworks에 사용되는 SLDPRT와 같이 각자 고유의 포맷을 사용합니다. 그러나 블렌더(Blender)와 같은 몇몇 소프트웨어는 다양한 파일 형식을 불러오거나 내보내는 것을 허용합니다. 이러한 전용 포맷의 홍수에서, 몇 종류의 파일만이 3D 프린팅 소프트웨어에 직접적으로 사용될 수 있는데, STL 파일 포맷은 디지털 제조의 세계에서 상당부분 통용되고 있습니다. 물론 다른 파일 확장자 역시 다색 3D 모델링 등의 분야에서 점차 확대되고 대중화되고 있습니다.

오브제의 3차원 메시는 출력된 물체가 가지는 해상도와 관련이 있습니다. 메시를 구성하는 삼각형은 2차원 디지털 이미지의 픽셀과 동일한 개념으로 생각하면 이해가 쉬울 것입니다. 3D 출력을 위한 3차원 모델링 구조는 반드시 닫힌 형태가 되어야 하는데, 이는 오브제를 구성하는 메시의 각 면이 한 번에 2개의 삼각형으로 구성되어야 하는 것을 의미합니다. 몇몇 소프트웨어는 파일을 내보낼 때 의도적으로 이러한 규칙을 위배하기도 하나, 대부분의 소프트웨어는 이렇게 구성이 되어 있지 않다면 출력 파일이 생성되는 것 자체를 자동으로 막아주기도 합니다. 대부분의 경우 CAD 소프트웨어에 의해 만들어진 메시는 3D 프린팅에 바로 사용되기는 어렵고, 대신 3D 정보를 연속적인 2D의 단면(오브젝트의 각층에 해당하는 단면), 도구의 궤적코드(GCODE), 기기에 적합한 정보(온도, 속도, 힘 등)를 담고 있는 전용 파일로 변환하여 사용하여야 합니다. 다음에 소개되는 파일 형식은 디자인 소프트웨어와 제조기기를 제어하는 슬라이싱 소프트웨어사이의 변환을 위한 언어로서 사용될 수 있습니다.

➔ STL

STL형식은 3D systems 회사에서 개발되었으며, Stereolithography 소프트웨어용 기본 확장자입니다. STL(Standard Tessellation[2] Language)은 3D 프린팅의 파일 포맷 중 가장 널리 사용되고 있습니다. STL 메시는 3차원 물체의 기하학적인 구조만을 나타내고 색상이나 재료, 텍스처 등에 대한 표현은 담고 있지 않습니다. 3D 소프트웨어에서 STL 파일로 보내질 때 이러한 정보들은 사라지게 되며, 출력 및 모델 측정단위에 대한 정보도 포함하지 않아, 오브제의 스케일과 원래 모델과의 일관성을 주의 깊게 확인하는 것이 필요합니다. 모델링 소프트웨어에서 STL로 변환할 때는 1:100의 스케일로 보내지는 것이 일반적이며, 또한 표준미터계에서 미국식 인치단위로 변경됩니다. 몇몇 소프트웨어는 STL 파일로 변환 시 측정단위를 선택할 수 있는 옵션을 제공하기도 합니다.

STL 파일에서 다른 형식의 파일로 내보낼 때는 메시의 밀도를 선택할 수도 있는데, 이러한 해상도는 부품이 제조될 표면 상태를 결정하며 파일의 크기에도 직접적인 영향을 미칩니다. STL은 ASCII와 Binary 두 가지 형태가 있으며, 바이너리 포맷은 동일한 해상도에서 더 작은 파일 사이즈를 가지기 때문에 일반적으로 자주 사용합니다.

2. 쪽매맞춤: 도형을 이용해 어떤 틈이나 겹침이 없이 평면 또는 공간을 완전히 메꾸는 것

➔ OBJ

OBJ 형식은 Wavefront Technologies라는 애니메이션용 소프트웨어 패키지를 제작하는 회사에서 만들어졌습니다. 이러한 이유로 이 분야에 오래 종사한 사람들은 주로 Wavefront 파일 확장자를 자주 사용하는 경향이 있습니다. OBJ는 오픈 포맷으로 많은 3D 그래픽 솔루션에서 통용가능하며, 거의 대부분의 3D 소프트웨어 프로그램이 OBJ로의 파일 변환을 지원합니다. STL과 마찬가지로 OBJ는 모델링 과정에 대한 정보나 측정단위의 정보가 없이 기하학적 정보만을 담고 있습니다. 그러나 OBJ는 그래픽 디자이너들 사이에서 인기가 높은 두 가지 장점이 있습니다. 첫째, OBJ는 삼각형의 매우 조밀한 메시 대신에 다양한 곡면을 표현할 수 있는 NURBS-type 표현을 제공합니다. 둘째, OBJ는 하나 혹은 다수의 재료 템플릿 라이브러리(MTL: Material Template Library)를 지원합니다. MTL은 3차원 오브젝트에 연결된 색상, 텍스처 정보를 담고 있습니다. MTL은 Waterfront에서 만들어진 또 하나의 표준으로 텍스처 라이브러리에서 재료와 관계된 정보를 포함하고 있으며, 연결된 파일들을 통해 다양한 색상 정보를 볼 수 있도록 하고 다중 색깔을 반영하는 출력이 가능하게 합니다. 물론, 투명도와 반사재질과 같은 정보는 3D 프린팅에서 출력될 수는 없습니다.

➔ VRML

VRML 형식은 월드와이드웹(World Wide Web)을 위해 개발되었으며 X3D와 같은 포맷으로 대체되어 왔습니다. X3D는 특히 애니메이션 쪽에서 많이 사용하고 있고, 이 포맷은 더 정확한 사진 수준의 렌더링을 가능하게 합니다. 하지만 3D 프린팅은 단순한 그래픽 정보만을 주로 사용하기 때문에 WRL 파일이 스캐닝과 제조에 주로 사용되고 있습니다. 가상현실모델링언어(Virtual Reality Modeling Language)는 WRL을 확장자로 사용하는데, 여기서 W는 세계(World)를 의미합니다. 이 국제 표준은 적층제조 전용으로 만들어진 것은 아니지만 UV 텍스처를 가진 3차원 폴리곤에 적합합니다. Mcor Iris paper 3D 프린터와 같은 컬러 3D 프린터에서 자주 사용되고 있습니다. VRML97 혹은 VRML2는 파일의 가장 최신버전(1997)을 나타냅니다. 그러나 이들 버전에서는 제조공정과 관련한 내용을 담고 있지는 않습니다. WRL 파일은 웹에서는 별 성공을 거두지는 못했으나 3D 파일의 교환에는 표준이 되어서 많이 사용되고 있습니다.

➔ COLLADA

COLLADA 형식은 각기 다른 3D 모델링 소프트웨어에서 파일을 쉽게 공유하고 다양한 사용자들에게 다가가기 위해서 SCE(Sony Computer Entertainment)에서 만든 파일 형식입니다. 현재 COLLADA는 Khronos Group이라는 비영리 컨소시엄에서 관리되고 있습니다. DAE 확장자를 사용하며, 하나의 소프트웨어 프로그램 혹은 3D 앱에서 다른 소프트웨어로의 전송을 돕기 위한 매개 역할을 합니다. DAE로의 변환은 STL로의 변환방식과 유사합니다.

→ PLY

PLY 형식은 3D 스캐닝 기기에서 추출한 데이터를 저장할 수 있어 디지털 제조 영역에서 자주 사용됩니다. 앞에서 언급한 다른 포맷과 마찬가지로 폴리곤을 가지고 3차원 볼륨의 묘사가 가능하며, STL과 마찬가지로 ASCII와 Binary 두 가지 버전으로 존재합니다. PLY는 스탠퍼드 그래픽 랩에서 OBJ의 약점을 보완하기 위해 개발되었습니다. 폴리곤 파일 포맷으로도 알려진 PLY는 컬러, 투명도, 텍스처 등의 다양한 정보를 포함하고 있어서 그래픽의 용도로도 주로 사용됩니다. MeshLab과 같은 소프트웨어를 사용하여 쉽게 STL 파일로 변환도 가능합니다.

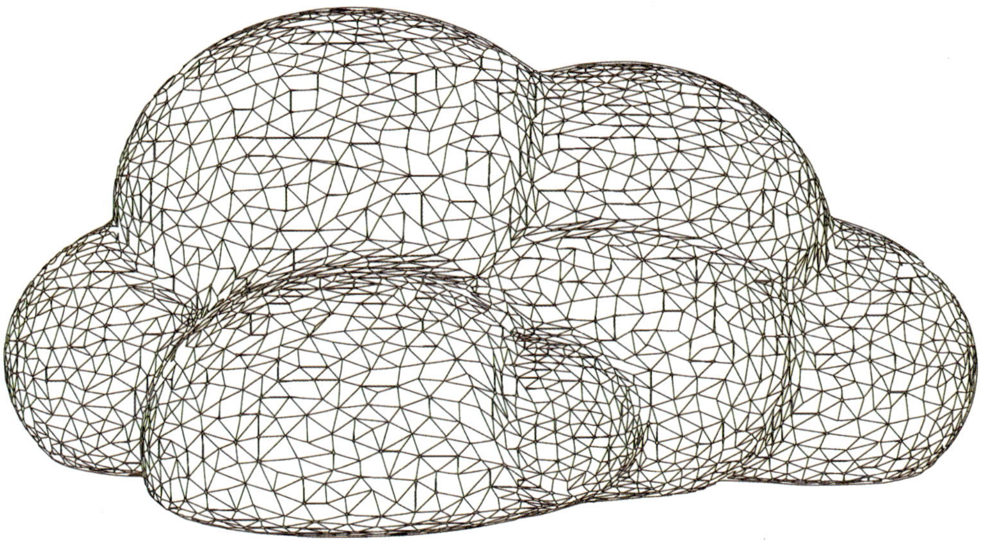

3D 프린팅에서 사물의 형태는 폴리건의 집합으로 이루어짐
(구름오브제 예제 67쪽 참조)

3D 프린팅 파일 체크리스트

호환파일

대부분의 3D 데스크톱 프린터는 STL 형식, Texture를 포함한 파일(files with texture)은 OBJ나 WRL 형식, 일부 3D 프린팅 소프트웨어는 X3D, DAE, PLY, COLLADA 파일형식도 읽을 수 있습니다.

다각형 한계

모델링 시 지나치게 조밀한 메시는 피합니다. 최대로 다각형 1백만 개 이하로 모델링되어야 하며, STL 파일의 경우 파일크기는 50 Mb 이하가 되도록 하는 것이 좋습니다. 파일 크기가 이 이상이 될 경우 일부 프린팅 서비스나 소프트웨어에서 처리에 문제가 생길 가능성이 있습니다.

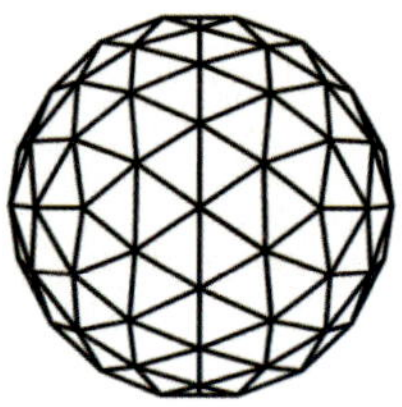

위치

모델 설계 시, 워크스페이스의 XYZ좌표점을 각각 모델의 끝에 위치시키거나 중앙에 위치시키는 것이 좋습니다. 그렇지 않을 경우, Repetier-Host나 Cura 등 슬라이싱 소프트웨어로 임포트할 시 오브제가 가상 작업 공간을 벗어날 위험이 있고, 이 후, 이동(Move) 툴로 위치를 맞춰주는 작업이 추가로 이루어져야합니다. 즉, 모델링작업 완료 후에 3D 프린팅 가능한 메시버전으로 내보내기 전에, 3D 모델을 작업환경의 시점(X=0, Y=0, Z=0)에 적절히 맞추도록 확인할 필요가 있습니다.

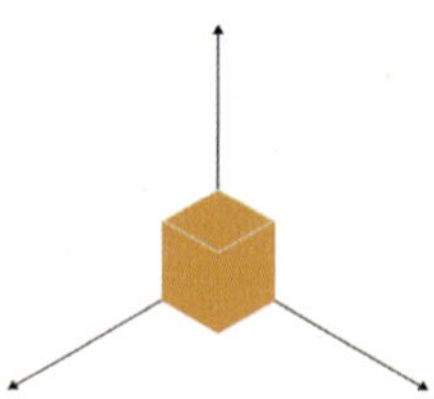

결합

모델링은 형상 간의 면의 충돌이나 이중면 등이 존재하지 않도록 설계되어야 합니다.

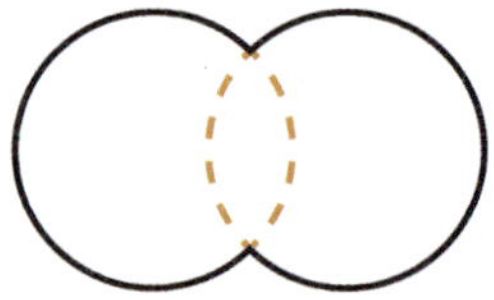

적절한 재료와 기술

프린팅 과정은 여러분이 선택한 재료—PLA, 종이, 세라믹 등—에 따라 차이가 있습니다. 최소 요구되는 벽두께라든지, 수축성, 마감방식, 레이어 해상도는 사용하는 재료나 프린팅 기술에 따라 달라질 수 있습니다. 사용하고자 하는 3D 프린터의 특성을 연구하여 자신이 생성하고자 하는 오브제 종류에 맞는 3D 프린터를 선택하는 것이 아주 중요하다.

배출구

파우더(SLS, 3DP)나 액상 수지기술(SLA, DLP) 재료를 사용하여 3D 프린팅을 사용하고자 한다면, 출력 후에 남은 재료가 배출될 수 있도록 구멍을 마련해야 합니다. 그렇지 않을 경우 분말이나 수지가 벽 사이에 굳게 됩니다. 속이 빈 형태로 배출구를 함께 디자인하면 시간과 재료를 절약할 수 있습니다.

➔ 단위

내보내기 전에 출력될 모델의 크기를 확인하는 것이 좋습니다. 소프트웨어에 따라 읽어 들일 때 측정단위를 기입할 수 있으며, 밀리미터 단위로 모델링된 STL 파일을 3D 프린터 소프트웨어로 읽어 들일 때 미터나 인치 단위로 바뀌기도 합니다. 이 경우, 제작 전 해당 소프트웨어의 크기 설정 옵션을 활용해 원래의 크기로 되돌리는 작업을 수행해야 합니다.

➔ 프린터 크기

파일을 내보내기 전에 3D 프린터기의 최대 출력 크기를 유념해야 합니다. 제작하고자 하는 오브제가 너무 크면 여러 부분으로 분절하든가 다른 프린팅을 선택해야 합니다. 예를 들어, 제작하고자 하는 오브제가 1 m^3를 넘는다면 디지털밀링(CNC)과 같은 절삭가공 방식을 고려하는 것이 좋습니다.

➔ 디테일

돌기, 문자, 질감과 같은 디테일 출력이 충분히 보이는지, 혹은 읽을 수 있는지 확인해야 합니다. 2차원 이미지나 문자는 단일컬러로 출력 시 나타나지 않습니다. 이 경우, 애니메이션이나 조각용 소프트웨어에서 복잡한 3D 질감을 표현하는 데에 종종 쓰이는 범프맵 (bump map)으로 변환하여 출력할 수 있습니다.

➔ 공차

조립품, 소켓, 동작부품들이 있을 경우 각각의 구성품이 잘 조립되어 동작할 수 있게 충분히 테스트해 봐야 합니다. 특히, 기계부품의 경우 시험인쇄가 여러 번 필요할 수 있습니다. 단, 대부분의 경우 제작되는 과정에서 부품끼리 서로 결착되는 것을 피하기 위해 최소 0.25 mm의 공간이 필요합니다.

➔ 파일명

파일명은 표준 절차에 따라 설정하는 습관을 갖는 것이 좋습니다. 특수문자나 강조부호를 쓰는 것은 지양하고, 공백문자는 밑줄(_)로 대체하여야 합니다. 파일의 내용, 버전, 척도, 그 밖에 유용한 정보라고 생각되는 내용을 순서대로 적어, 불필요하게 파일을 열지 않고도 내용을 확인할 수 있도록 합니다.

sphere3_10X10.stl

➔ 방향

부품이 출력되는 방향을 주의 깊게 선택해야 합니다. 출력방향에 따라 출력시간, 강도, 표면 상태 등에 큰 영향을 줄 수 있습니다. 대부분의 온라인 출력 서비스는 출력 방향을 미리 설정해주고 있습니다.

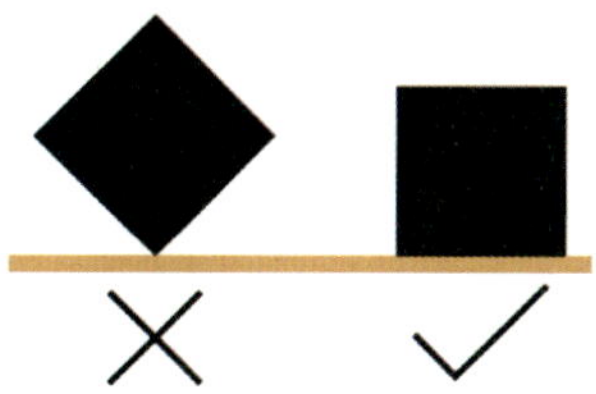

무료 3D 모델링 소프트웨어

무료 3D 모델링 소프트웨어는 매우 다양합니다. 그 중 자신의 프로젝트 목적에 맞게 선택하는 것이 중요합니다. 3D 모델링을 처음 접하는 사람에게 권하는 소프트웨어는 다음과 같습니다.

TINKERCAD

TinkerCad는 입문자에게 완벽한 3D 모델링 소프트웨어입니다. TinkerCad의 3D 모델링은 레고블록으로 작업하는 것과 유사하며, 여러 블록을 더하거나 빼는 작업으로 모델 변경이 가능합니다. 인터페이스 사용법이나 설계논리 등을 재미있게 배울 수 있는 안내서를 포함하고 있으며, 온라인에서만 사용 가능하고, 인터넷이 연결된 환경여부를 확인하여야 합니다.

SKETCHUP MAKE

MAKE는 SketchUp의 무료 버전입니다. 솔리드(Solid)와 레이아웃 테크니컬드로잉(Layout technical drawing) 도구를 제외하고는 프로버전의 거의 모든 기능을 이용할 수 있습니다. SketchUp은 사용법이 쉽고 인터페이스가 간결하며, 바로 다운로드 받을 수 있는 3D 모델이 풍부합니다. 기본 버전은 몇몇 기능밖에 없지만 다양한 요구를 만족시킬 수 있는 플러그인이 제공됩니다. 단, 이 소프트웨어는 3D 건축모델링에 최적화되어 있으며, 3D Warehouse에서 찾은 3D 모델파일은 반드시 앞 장에서 설명한 프린팅 검토사항을 체크한 후에 출력하도록 합니다.

OPENSCAD

프로그래머들이 가장 좋아하는 3D 모델링 소프트웨어로 코드 라인들을 함수로 사용합니다. 프로그래머들이 사용하는 텍스트 에디터가 기본 인터페이스로 제공되므로 코딩에 대한 기초지식이 있지 않다면, 이해하기가 거의 불가능합니다. OpenSCAD에서는 기본적인 모델링 기능을 제공하고 있으며, MakerBot Thingiverse의 Customizer와 같은 타 모델링 도구에서 사용될 수 있는 맞춤형 템플릿을 제작할 수 있는 장점이 있습니다.

3DTIN

LAGOA의 제품으로 TinkerCad의 주요 경쟁소프트웨어입니다. 3D 세계의 MS Paint 기능처럼, 기본적인 모델을 비교적 평이하고 단순한 인터페이스로 제작할 수 있습니다. TinkerCad처럼 인터넷에 연결되었을 때만 쓸 수 있고 설계된 모델을 클라우드에 저장할 수도 있습니다. Minecraft를 좋아하는 유저라면 이 소프트웨어도 잘 맞을 것입니다.

123D DESIGN

3D 프린팅 입문자에게는 적합한 소프트웨어로 Mac, PC, iPad 앱에서 모두 사용가능합니다. 기본적으로 돌출(extrusion), 회전, 드로잉 기능 등은 SketchUp과 매우 유사하게 작동하지만 3차원 오브제에 초점을 맞추고 있습니다. 또한, 3D 프린팅 출력이 바로 가능한 워터타이트 솔리드를 생성하는 장점이 있습니다. 123D Design은 3D photogrammetric scanning(123D Catch)과 가상 조형(123D Sculpt), 레이저 커팅 및 CNC 도구(123D Make)를 제공하는 3D 소프트웨어 및 앱 시리즈 중 하나입니다. 다운로드가 가능한 모델라이브러리와 온라인 프로젝트용 저장 공간, 사용자 커뮤니티에 대한 링크도 함께 제공됩니다. 이 소프트웨어는 기능적 또는 장식용 오브제 생성에 아주 유용하며, 로프트(loft) 기능과 비틀기(tweak) 기능을 잘 사용하면 복잡한 형상을 쉽게 만들 수 있습니다. 또한, 기존의 3D 파일 및 벡터 드로잉 파일을 불러와서 Meshmixer나 Illustrator와 같은 타 소프트웨어와 연동하여 쓸 수 있습니다. 123D Design 소프트웨어를 숙련했다면, 비슷하지만 전문적인 버전인 Autodesk Fusion 360을 사용하는 것도 추천합니다.

BLENDER

Blender는 굉장히 복잡한 면(Surface)을 모델링할 수 있는 강력한 소프트웨어입니다. 캐릭터와 사실적 오브제 렌더링 생성에 완벽한 도구입니다. 인터페이스는 많은 기능을 제공하고 있으며, 사용하기 복잡할 수 있습니다. SketchUp과 같이 Blender도 3D 프린팅에 최적화되어 있지 않기 때문에, 출력용 파일을 내보내기 전에, 오브제 간의 충돌이나 솔리드 형태 유무를 반드시 확인해야 합니다.

3D 스캐닝 방법

3D 스캐너에도 여러 종류가 있습니다. 기기별로 장단점이 있으므로 구매하기 전에 프로젝트에 필요한 기능 수행여부를 면밀히 판단하는 것이 중요합니다. 또한, 주지할 것은 이 분야 관련기술이 매우 빠르게 진화하고 있으므로, 이 책이 출판되고 몇 년 아니 몇 달 지나지 않아서 여러분의 휴대용기기에 통합되는 기능들도 있을 것입니다.

3D 스캐너에는 크게 접촉식(디지털 또는 매뉴얼)과 비접촉식(레이저, 구조화된 광원 등)의 두 가지 종류로 나눌 수 있습니다. 접촉식은 속도도 느리고, 파손되기 쉬운 대상에 접촉하는 경우 위험할 수 있습니다. 또한, 디지털 제조과정에 활용하기에는 고비용이란 한계도 있기 때문에, 이 책에서는 비접촉식 스캐닝 방법 중에서 특수 목적형 스캐닝(건축, 드론, 산업 계측 등)을 제외한 $10,000 이하의 솔루션만 다루도록 하겠습니다.

삼각법(TRIANGULATION)을 통한 3D 스캐닝

3차원 측량을 위해 선형(linear) 적외선 레이저 빔을 사용합니다. 레이저광이 3차원 표면을 조사(照射)하여 반사된 빛은 광원에서 몇 센티미터 정도 떨어진 곳에 위치한 디지털 사진기가 포착하며, 사진기 렌즈에 대한 레이저 광원의 각도와 위치로부터 대상의 위치를 점 단위로 정밀하게 측정할 수 있습니다. 이 방법이 삼각법이라고 불리는 이유는 바로 레이저 광원과 대상, 렌즈 사이에 삼각측량적 방법이 적용되기 때문이며, 전동 회전판을 활용하면 완전히 자동화된 3차원 데이터를 수집할 수 있습니다. 3차원 삼각측량 스캐너 중 가장 잘 알려진 것은 MakerBot의 Digitizer로서 직경과 높이가 20 cm 이하인 사물을 디지털화하는 데 대략 $800 가량의 비용이 소요됩니다. 이 기기는 필터를 갖춘 레이저 빔이 렌즈의 각 면에 위치해 있어 상당한 정밀도를 제공하고 있으며, 3D 스캔파일을 바로 출력이 가능한 워터타이트 솔리드 파일로 변환하는 전용소프트웨어도 함께 사용가능합니다. 또한, Multiscan 기능은 동일 오브제를 여러 번 스캔하고 결합하여 세부형상의 해상도를 높여줄 수 있습니다. Matterform 및 NextEngine 브랜드도 MakerBot과 유사한 솔루션을 제공하고 있습니다.

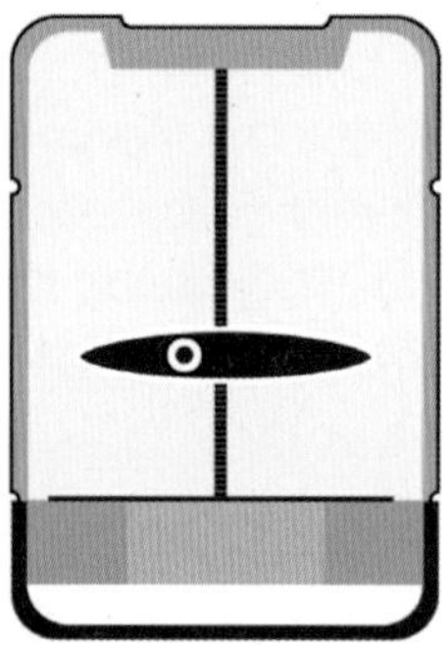

이름: Matter and Form
제조사: Matter and Form
국가: 미국
크기(mm): 345X210X354 (접이식)
최대 스캔크기(mm): 250(dla.)X180
최소 스캔크기(mm): 20X20X20
해상도(mm): 0.43
컬러: X

이름: Digitizer
제조사: MakerBot
국가: 미국
크기(mm): 474X412X204
최대 스캔크기(mm): 203(dla.)X203
최소 스캔크기(mm): 20X20X20
해상도(mm): 0.5
컬러: X

적외선 LED를 갖춘 수동 스캐너

삼각측량형 스캐너와 같은 기술을 사용하지만 3차원 데이터 수집과정이 수동으로 조작된다는 차이가 있습니다. 눈에 보이지 않는 적외선 광원을 사용하여 기기와 대상오브제 간의 거리를 측정합니다. 측정결과인 점들의 구름은 컴퓨터에 설치된 소프트웨어에 의해 메시로 변환되며, 내장된 사진기로부터 획득된 표면질감과 색상 정보와 결합되어 3차원 다색 오브제를 제공할 수 있습니다. 주변 빛의 영향으로 실제보다 표면질감이 투박하고 해상도가 낮을 수 있습니다. 적정한 가격대로 가장 널리 사용되고 있는 기기는 마이크로소프트 Kinect 1과 ASUS Xtion Pro Live로, 두 가지 모두 PrimeSense 기술을 기반으로 합니다.

이러한 최신 모션센서들이 Skanect이나 ReconstructMe와 같은 소프트웨어와 결합하면, 고기능의 3D 스캐너로 사용될 수 있습니다. "All in one" 콘셉트로는 3D System사에서 나온 Sense 제품은 적외선 스캐닝 도구(iSense나 Structure Sensor)가 일부 태블릿이나 스마트폰과 통합되어 휴대가 용이한 형태로 제공되고 있습니다. 마이크로소프트사는 Kinect 2를 위해 고해상도와 넓은 시야각을 확보한 새로운 기술을 적용 중이며, Apple사는 PrimeSense 기술 관련 특허권을 2013년 11월 획득하며, 새로운 3D 스캐닝 시장변혁을 준비 중에 있습니다.

이름: Sense
제조사: 3D Systems
국가: 미국
크기(mm): 178 x 129 x 330
최대 스캔크기(mm): 3000 x 3000 x 3000
최소 스캔크기(mm): 20 x 20 x 20
해상도(mm): 0.5
속도: 30 FPS(1초당 프레임 수)
컬러: O

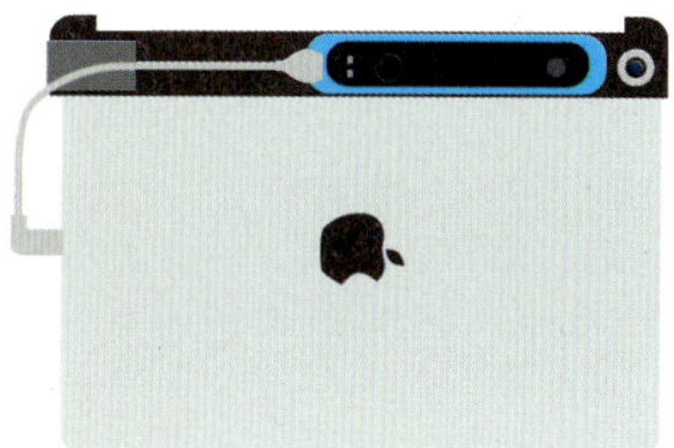

이름: Structure sensor
제조사: Occipital
국가: 미국
크기(mm): 119.2 x 27.9 x 29
최대 스캔크기(mm): 3000 x 3000 x 3000
최소 스캔크기(mm): 20 x 20 x 20
해상도(mm): 0.5
속도: 30 FPS(1초당 프레임 수)
컬러: O

구조화된 광을 활용한 스캐너 (STRUCTURED LIGHT SCANNER)

구조화된 광을 활용한 스캐너는 매우 빠르고 정밀한 스캐닝을 제공합니다. 작동방식은 비디오 프로젝터가 대상 오브제의 표면을 비추고 지나가면서 다양한 패턴, 줄, 격자를 투영하고 사진기로 관찰하여 형상의 왜곡을 계산합니다. 빛이 투영되는 오브제 면은 1초 이내에 모두 계측되며, 일부 스캐너는 사진기와 백색광원을 갖추어 오브제의 색상도 추출하여, 완전한 컬러 매핑을 제공합니다. 이 방식의 3D 스캐너 중 가장 널리 알려진 것은 Artec EVA와 David Laser Scanner사의 SLS-1입니다. 저가형 솔루션으로는 2013년 영국의 옥스퍼드 대학 연구팀에서 선보인 Fuel 3D가 있습니다.

이름: Eva
제조사: Artec
국가: 룩셈부르크
크기(mm): 262 x 158 x 64
최대 스캔크기(mm): 2000 x 1000 x 1000
최th 스캔크기(mm): 150 x 150 x 150
해상도(mm): 0.5
속도: 16 FPS(1초당 프레임 수)
컬러: O

이름: David SLS-2
제조사: David Vision Systems
국가: 독일
최대 스캔크기(mm): 500
최th 스캔크기(mm): 60
해상도(mm): 0.06
컬러: O

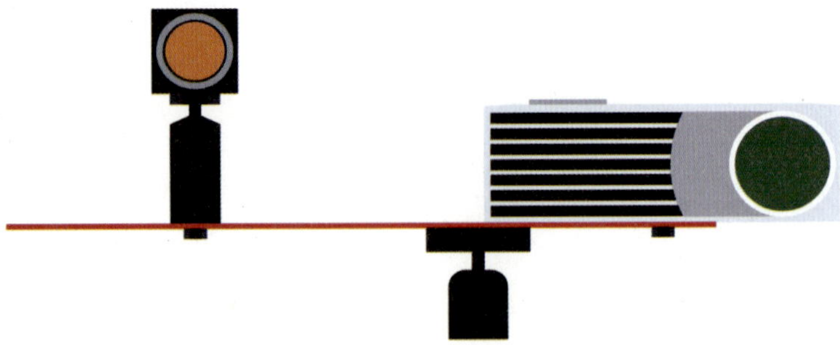

사진측량법 (PHOTOGRAMMETRY/STEREOSCOPIC METHOD)

사진측량법은 엄밀하게는 3D 스캐닝 분류에 속하지 않습니다. 구동방식은 각도 별로, 접근 가능한 시점별로 대상오브제를 사진으로 찍고, 이렇게 촬영된 이미지들은 색상, 그림자, 질감 등을 각각의 각도와 시점을 계산하여 3D 입체로 재구성합니다. 화상 간 거리계산을 위해 두 눈을 사용하는 것과 같은 방식으로 이해할 수 있습니다. 보다 정밀하고 즉각적인 결과를 얻기 위해 여러 대의 사진기를 동시에 구동하여 측량하는 시스템도 있습니다. 이런 시스템은 일반적으로 SLR 사진기를 채택하지만 일부 초기제품은 단순히 휴대전화기 사진기를 구형 또는 원통형 구조로 배치하여 사용하여, 저가형을 내놓기도 합니다. 사진측량법의 가장 중요한 장점은 색상 렌더링을 정확하게 표현할 수 있다는 것입니다. Mcor Iris와 같이 다색(polychrome) 기술을 활용해 모델을 출력하길 원한다면 활용할 분야가 매우 다양합니다. 이 방식 중 가장 널리 활용되는 솔루션은 Autodesk사의 123D Catch 앱이 있습니다. 무료로 제공되며, iPhone, iPad, Android 모두에서 사용가능하므로 초보자들이 쉽게 스캐닝을 경험할 수 있습니다. 비록 워터타이트 솔리드 모델을 얻기도 힘들고, 계산에 서너 시간이 걸리는 단점이 있지만, 목적에 따라 유용하게 사용해 볼 수 있습니다. 물론, 123D Catch가 유일한 솔루션은 아닙니다. Autodesk의 무료 제품인 Memento는 더욱 강력하며 박물관 보존사, 건축, 고고학 등의 전문적 작업에 더욱 적합합니다.

[디지털 카메라+Autodesk Memento]
[iPhone/iPad + 123D Catch App]

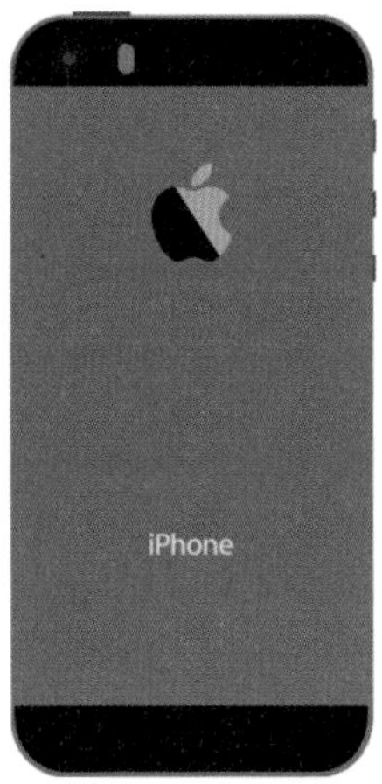

iPhone or iPad
For 123D Catch App.

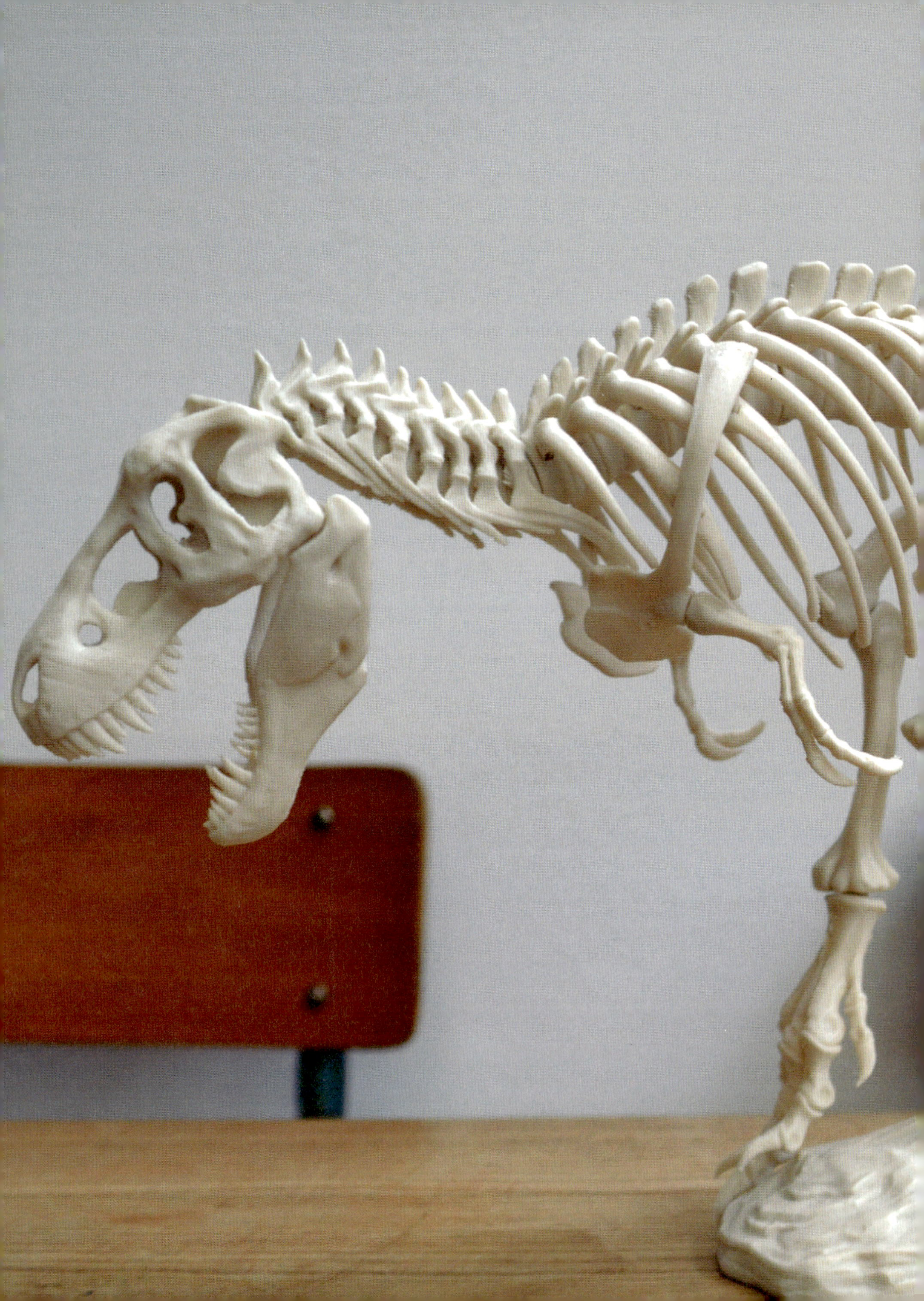

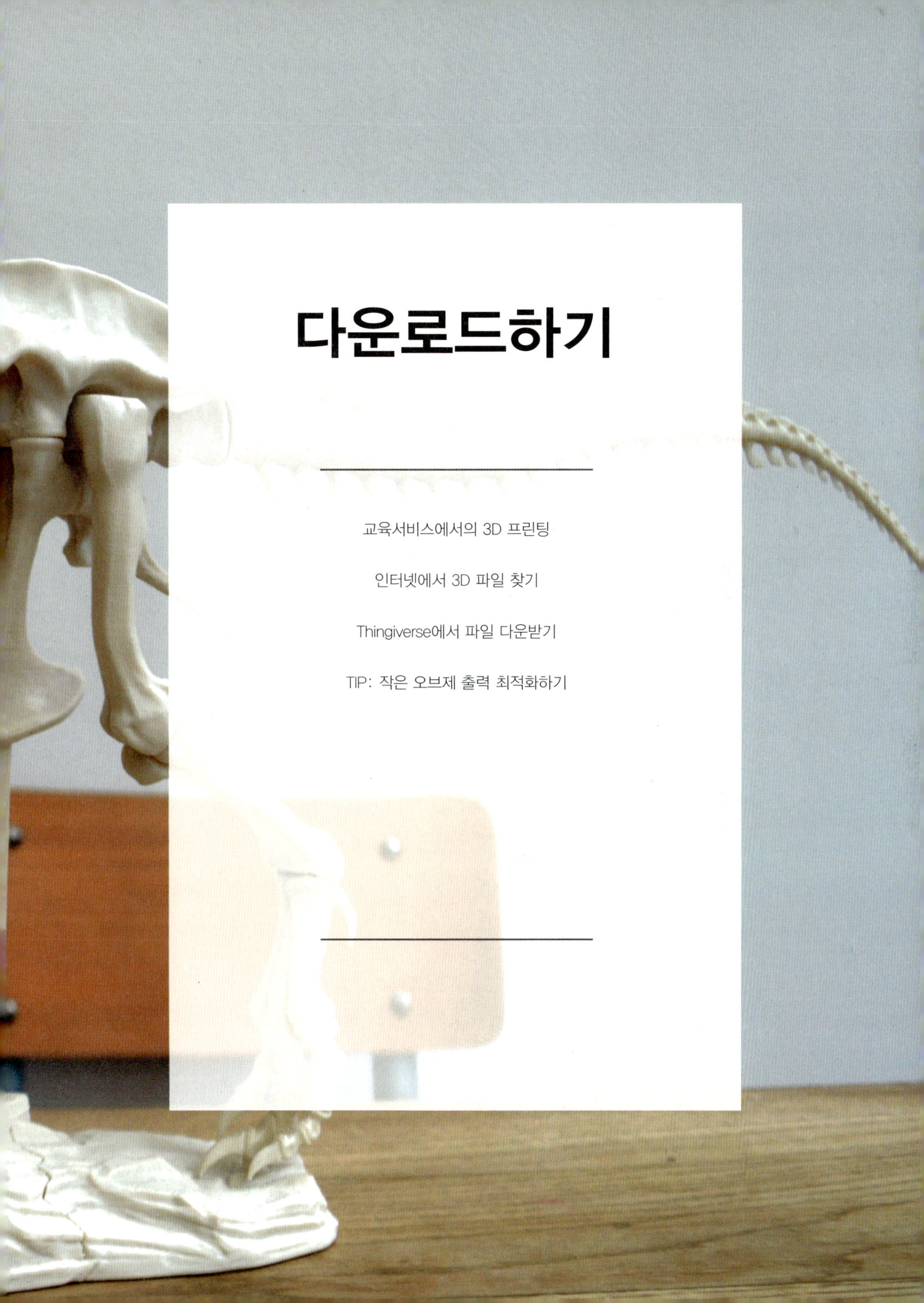

다운로드하기

교육서비스에서의 3D 프린팅

인터넷에서 3D 파일 찾기

Thingiverse에서 파일 다운받기

TIP: 작은 오브제 출력 최적화하기

교육서비스에서의 3D 프린팅

"이론부터 실습까지" 3D 제작을 통한 혁신은 새로운 교육방향입니다. 오늘날 3D 프린팅은 직업교육, 고등학교 및 대학에서 학생들의 창의성을 자극하는 소중한 도구로 활용되고 있습니다. 이러한 변화는 종이 위에 드로잉하거나, 설계만 하는 것이 아닌, 디자인 콘셉트를 개발하고 시제품을 만드는 A에서 Z까지의 일련의 디지털제조를 경험할 수 있게 합니다.

3D 프린터를 쉽게 배울 수 있다는 점은 이러한 교수법의 발전양상과 정확히 맞아 떨어집니다. 초등학교를 위한 소형 FDM(Fused Deposition Modeling) 3D 프린터에서 전문고등교육기관의 산업용 기계에 이르기까지 모든 종류의 프로젝트와 교육단계에 활용할 수 있습니다. 또한, 동시에 컴퓨터 프로그래밍과 로봇공학 관련 교육 융합된 방향으로 점차 재편됨에 따라 전 세계 많은 학교가 관련 장비를 갖춰가고 있습니다. 하지만, 변화하는 교육 수요를 감당하기 위해서는 많은 기술자와 엔지니어가 필요한 실정입니다. 차세대 산업시대에서 가장 중요한 스킬 중 하나는 디지털 능력이며, 노동시장에서의 성장수요를 고려한다면, 디지털 엔지니어가 되기 위한 교육은 아이에 관계없이 조기부터 진행되어야 할 것입니다.

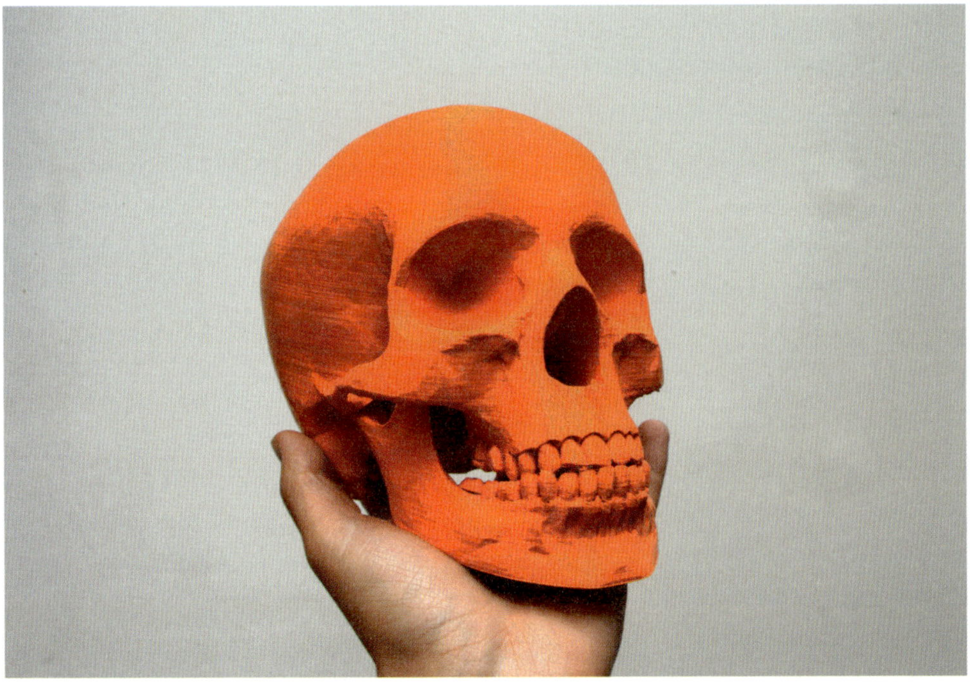

이전 페이지
T-Rex Skeleton
By: MakerBot
3D printed on: Replicator 2
Source: MB Digital Store
© Samuel N. Bernier

왼쪽 페이지
5-Cylinder Radial Engine
By: MakerBot
3D printed on: Replicator 2
Source: Thingiverse
Thing: 52769
© Samuel N. Bernier

오른쪽 페이지
Human skull
By: le FabShop
3D printed on: Replicator 2
Source: Thingiverse
Thing: 441087
© Le FabShop

인터넷에서 3D 파일 찾기

인터넷에서 다운로드 받을 수 있는 3D 파일의 수는 헤아릴 수 없을 정도로 많습니다. 이런 자료들을 활용하여 여러분의 소중한 시간을 절약해 볼 수 있습니다. 당신만의 복잡한 모델링 프로젝트(사과, 자동차, 유명한 건축물 등)를 시작하기 전에, 누군가가 미리 비슷한 작업을 해 놓은 것이 없는지 확인해 보는 것이 필요합니다. 다음에서 이러한 3D 모델 파일을 찾을 수 있는 몇 개의 플랫폼을 소개합니다.

➔ THINGIVERSE

Thingiverse는 MakerBot 창립자들이 2008년에 설립한 커뮤니티입니다. 오랜 기간 3D 프린팅분야에서 유명세를 떨쳤지만, 2012년 메이커봇이 오픈소스 정책을 철회하며 사용자들이 양분되었습니다. 여전히 Thingiverse에서 공유되는 대부분의 파일들은 오픈라이선스의 형식을 취하지만, 일부 파일의 권한은 MakerBot과 나누는 방식으로 운영됩니다. Thingiverse의 어원은 영어의 "Thing"과 "Universe"의 합성어로서 3D 프린팅으로 제작할 수 있는 "물건(things)"의 우주라는 뜻입니다. Thingiverse에서는 소매단추부터 에펠탑에 이르기까지 3백만 개 이상의 프로젝트를 검색할 수 있습니다. 온라인 상에서 나만의 컬렉션을 만들 수도 있고, 파일에 코멘트를 남기거나, 파일을 리믹스할 수 있습니다. 심지어는 Customizer 애플리케이션을 활용해 개인 맞춤형 모델을 만들 수도 있습니다. Thingiverse는 엄청난 상품을 내걸고 경진대회를 개최하기도 하고, 세계 각국의 사람들이 협력할 수 있는 프로젝트 플랫폼을 제공하기도 합니다(예: Robohand 프로젝트).

http://www.thingiverse.com/

➔ MAKERBOT DIGITAL STORE

3D 메이커봇 프린터를 보유하고 있고, 자녀(혹은 손주)가 있다면, 이번에 소개하는 메이커봇 디지털 스토어가 당신의 친구가 될 수 있을 것입니다. 2014년 초에 오픈한 사이트로, Thingiverse 플랫폼과는 달리 X3G나 메이커봇 전용 포맷의 오리지널 모델을 판매합니다. 디자인은 메이커봇 내부 디자이너나 선별된 외부 스튜디오에서 제작되며, 각각의 파일은 맞춤형 장난감 컬렉션을 만든다거나 T-Rex 공룡뼈 조각을 맞추는 것이 가능하도록 제공합니다. 매우 기대되는 새로운 개념이지만 현재는 메이커봇 사용자들만 사용할 수 있습니다.

https://digitalstore.makerbot.com/

➔ GRABCAD

최근 몇 년간 인기를 얻고 있는 엔지니어 공동체입니다. 고품질의 모델링 파일을 다수 보유하고 있으며, 상당수의 전문가참여, 무료 다운로드, 자유로운 사용 정책이 강점입니다. GrabCad에서는 파일을 단지 STL 포맷이 아닌 원 모델링 파일 버전으로 받을 수 있으며, 공동체 안에서 사용자들이 자신이 만든 파일을 여러 다른 버전으로 공개할 것을 독려함으로써 다른 사용자들의 재활용과 편집을 용이하게 합니다. 참고로 GrabCad 파일이 3D 프린팅 출력에는 최적화되어 있지 않을 수 있으므로 출력 전에 반드시 모델검토작업이 필요합니다.

http://grabcad.com/

➔ SKETCHUP 3D WAREHOUSE

SketchUp 소프트웨어가 구글에 소속되었던 때[3] 탄생한 굉장히 큰 가상 오브제 라이브러리입니다. 구글 Earth의 3D 버전 제작 시 그래픽 디자이너들에 의해 널리 이용되었으며, 특히, 건축물 관련 파일을 다수

3. 역자 주) 2012년 Trimble Navigation이 구글로부터 인수함.

제공합니다. 특히, 여러분이 IKEA가구 모델을 만들고자 한다면 다른 곳을 찾아볼 필요도 없이 이곳에서 원하는 것을 찾을 수 있을 것입니다. 3D Warehouse의 모든 파일은 무료로 제공되며 SketchUp으로 바로 다운로드할 수 있습니다. 3D 디자인을 하고자 하는 건축가나 인테리어 디자이너에게는 더욱 안성맞춤입니다. 주의할 점은 그래픽 목적으로 생성된 모델들은 3D 프린팅 출력기준에 맞는지 검토해야 하며, 필요시 SketchUp에서 수정할 수 있습니다.

http://3dwarehouse.sketchup.com/

➔ TURBOSQUID

TURBOSQUID는 비디오제작자, 건축가, 사실적 3D 애니메이션과 디자인을 하는 크리에이터 사이에서 매우 유명한 사이트입니다. 사람, 자동차, 풍경, 가구, 과일, 채소 등 모든 것을 찾을 수 있으며, 놀랄만한 비주얼 완성도를 갖춘 작품도 발견할 수 있습니다. 다만, 고품질 파일들은 가격이 높고, 이전 장에서 언급한 3D 프린팅 파일검토사항(예를 들어, 워터타이트할 것)을 준수하지 않는 것들도 많다는 점이 단점입니다. 그 이유는 많은 모델들이 3D 출력물 제작보다는 디지털 제작을 염두에 두고 최적화되었기 때문입니다. 즉, 이 사이트에서 모델을 구매하더라도, 출력을 위해서는 추가적인 모델링작업이 반드시 필요하며, 이러한 노력에도 그 중 일부는 출력이 불가능할 수 있다는 점을 유념해야 합니다.

http://www.turbosquid.com/

➔ SKETCHFAB

SketchFab은 3D 모델의 질감과 배경정보를 함께 볼 수 있는 웹사이트입니다. 다양한 디자이너들의 작품 포트폴리오를 볼 수 있으며, 가끔은 숨이 멎을 정도로 엄청난 작품이 올라오기도 합니다. 일부 모델은 직접 다운로드 받을 수도 있으나 창작자의 프로젝트 페이지에 요청을 남겨야만 할지도 모릅니다.

https://sketchfab.com/

➔ YOUMAGINE

3D 프린팅 전용 파일 전문 플랫폼으로 Thingiverse에 대한 대안으로 Ultimaker에 의해 만들어졌습니다. Thingiverse보다 작은 커뮤니티이고 모델 수도 적지만 파일의 신뢰성이 높습니다. 또한, Michiel Cornelissen과 같은 역량 있는 네덜란드 디자이너들이 많이 활동하는 사이트입니다.

https://www.youmagine.com/

➔ 123D

123Dapp 사이트는 3D 프린팅 입문자를 위한 최고의 무료소프트웨어의 본가이자 3D 파일 공유 공동체의 호스트이기도 합니다. 미완성이거나 초보적인 프로젝트가 많지만 그 중 일부는 보석 같은 것들도 찾을 수 있습니다. 괴물을 좋아한다면 123D Sculpt+ 갤러리를 둘러볼 것을 추천합니다.

https://pinshape.com/

➔ CULTS

"Cults"라는 이름은 예술가들과 조각가의 수호성자인 St. Luc(St. Luke)을 거꾸로 쓴 애너그램(anagram)입니다(물론, S-T-L이라는 문자가 들어있기도 하다). 프랑스에서 운영되며 디자이너들이 자신의 3D 모델을 공개하고 판매할 수 있는 온라인 장터 역할을 합니다. 특히, 유망한 젊은 디자이너들이 많이 모이고 있으며, 접속건수보다는 고품질의 3D 모델이 공유 및 거래될 수 있도록 만들어졌습니다.

http://fr.cults3d.com/

➔ MYMINIFACTORY

멋진 3D 출력용 파일을 찾기에 가장 잘 구성되어 있는 웹사이트 중 하나입니다. MyMiniFactory는 공상과학과 인터넷 문화에 영향을 받은 프로젝트들로 가득합니다. 코스프레나 액션 피겨의 팬이라면 바로 여기가 당신을 위한 곳입니다. 자신의 디자인을 판매할 수도 있고 프로젝트에 참여할 수도 있습니다.

https://www.myminifactory.com/

Thingiverse에서 파일 다운받기

파일 타입 선택하기

3D 프린팅의 일반적 포맷은 STL입니다. 신경을 쓰기 귀찮다면, 선택한 디자인이 STL 포맷으로 다운로드할 수 있는지를 확인합니다. OBJ 포맷도 쉽게 작업할 수 있습니다. 두 가지 파일이 다운로드가 안 된다면 파일 변환이 필요하며, 창작자가 수정 가능한 원본 파일을 업로드 했다면, 원래 포맷과 동일한 소프트웨어를 사용하여 편집 및 변환하면 문제없이 사용할 수 있습니다(예: SKP(SketchUp), 3DM(Rhinoceros), MB/MA(Maya)).

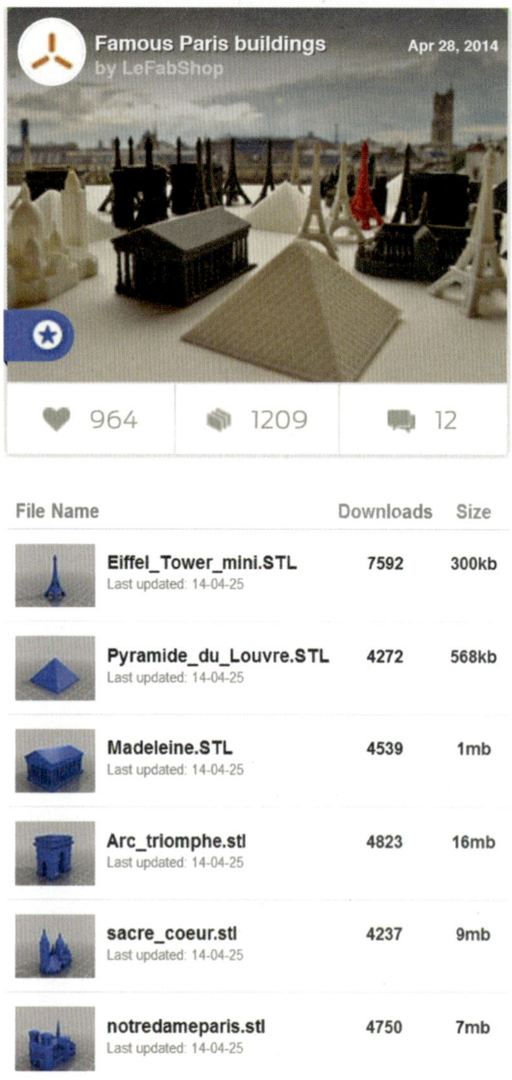

열정은 모두 같지만, 기법은 모두 같지 않다

건축가가 설계에 사용하는 로직과 제조설계를 하는 산업디자이너가 사용하는 로직은 다릅니다. 무엇보다도 서로 다른 소프트웨어 패키지는 각기 다른 도구와 옵션을 갖추고 있고, 완성된 오브제를 내보내는 방식도 다릅니다. 다시 말하자면 각 패키지에서 생성된 메시가 다 같지 않다는 것입니다. 동일한 오브제라 할지라도 다른 패키지에서 설계하고 STL로 내보낼 경우 출력 결과가 3D 프린팅에 항상 적합하지 않을 수도 있다는 이야기입니다(예: 오픈된 메시, 비정형 메시, 해상도, 디테일, 크기 등의 부적절함). 가장 적합한 모델은 3D 프린팅용 소프트웨어로 설계된 것입니다. 그럼에도 불구하고 일부 열정적인 설계자는 3D 프린팅용이 아닌 소프트웨어를 이용해서도 완벽한 파일을 제작하기도 합니다. 이러한 팁들은 파일을 다운로드하는 온라인 커뮤니티별로 페이지 상세정보와 코멘트를 통해 숙지하고 출력하길 권장합니다.

자신의 3D 프린터의 제약조건에 대해 생각하기

모두가 같은 3D 프린터를 갖고 있지는 않습니다. 오브제가 너무 크다거나 다른 출력 방식에 적합하게 설계된 프로젝트이거나, 출력소재에서 여러분이 보유한 기기랑 맞지 않을 수 있습니다. 소결 나일론 분말로 출력하도록 설계된 오브제는 PLA 용융 필라멘트로 얻을 수 없는 유연성을 요구할지 모릅니다. 반드시 모델파일의 설명이나 코멘트를 읽고 해당 모델이 자신의 프린터에서 출력할 수 있는지 확인하여야 합니다. 그리고 자신의 피드백과 의견을 남기는 데에도 주저하지 말아야 합니다. 이러한 출력 시 제약조건에 대한 이해를 돕기 위해, 다음 장은 미니어처 에펠탑 인쇄 시 주의할 팁들을 제공합니다. 예제로 사용된 미니어처 에펠탑은 다음의 링크에서 다운받을 수 있습니다.

http://www.thingiverse.com/thing:311002

TIP 작은 오브제 출력 최적화하기

동시에 여러 개 출력하기

용융 필라멘트 기반 3D 프린팅으로 좋은 결과를 얻기 위해서는 각 레이어가 적층될 때 용융된 플라스틱이 충분히 냉각되어야 합니다. 노즐의 움직임을 늦추거나 팬을 돌려 바람을 일으키는 등 여러 방법이 있지만 여기 한 가지 트릭이 더 있습니다. 작은 오브제를 한 번에 하나 출력하기보다는 출력 플랫폼 상에서 모델을 여러 개 출력하는 것입니다. 이런 식으로 하면 플라스틱이 각 층이 쌓이기 전에 식을 수 있는 시간적 여유가 생깁니다. 다음과 같이 ABS나 PLA를 이용해 에펠탑을 출력해 봅니다.

필라멘트가 너무 뜨거우면 출력 시 객체에 불규칙적인 덩어리가 형성될 수 있습니다. 이제 같은 온도와 속도로 다음과 같이 에펠탑 모델 다섯 개를 한꺼번에 출력해 봅니다.

노즐이 다음 층을 분사하기 전에 다른 네 개의 오브제를 작업하므로, 적층되는 각 레이어가 충분히 안정화 될 수 있습니다. 이러한 문제는 에펠탑의 첨탑 부분이 매우 얇기 때문이며, 만약에 더 큰 사이즈의 에펠탑을 출력한다면 각 층을 출력하는 데 더 많은 시간이 걸리므로 이러한 문제가 발생하지 않게 됩니다.

작은 오브제는 천천히

대부분의 FFF 방식의 데스크톱 프린터는 노즐 움직임과 분사 속도를 변경할 수 있습니다. 주의할 점은, 노즐 속도를 낮춰 뭉개짐을 방지할 수 있으나, 노즐에 찌꺼기가 경화되지 않도록 동시에 충분히 높은 온도를 유지해야 합니다.

통풍

노즐 부위에 팬을 갖춘 3D 프린터의 경우 적층 레이어가 더욱 잘 냉각됩니다. 특히, PLA 방식이 그렇습니다. 반대로, ABS는 따뜻한 상온에서 안정화해야지만 층간에 뒤틀림이 발생하지 않는다는 것을 유념해야 합니다.

플랫폼 높이 조정

플랫폼과 좁은 접촉면을 가진 오브제를 출력하는 경우 노즐과 플랫폼이 약간 떨어져있는 것이 좋습니다. 그래야만 첫 번째 층이 바닥에 잘 붙어 조각들이 이탈할 확률이 줄어들게 됩니다. 수동으로 플랫폼 높이를 조정하기 할 때는 약간의 트릭을 써서 영점조절(Calibration) 시 보통 사용하는 A4종이보다는 골판지를 쓰는 방식으로 높이를 맞출 수 있습니다. 자동 높이 조정기능을 가진 프린터를 쓴다면 MakerBot의 "Z-Axis Offset"이라든가 Printrbot의 "Z offset"과 같은 옵션을 매뉴얼에서 찾아볼 필요가 있을 것입니다.

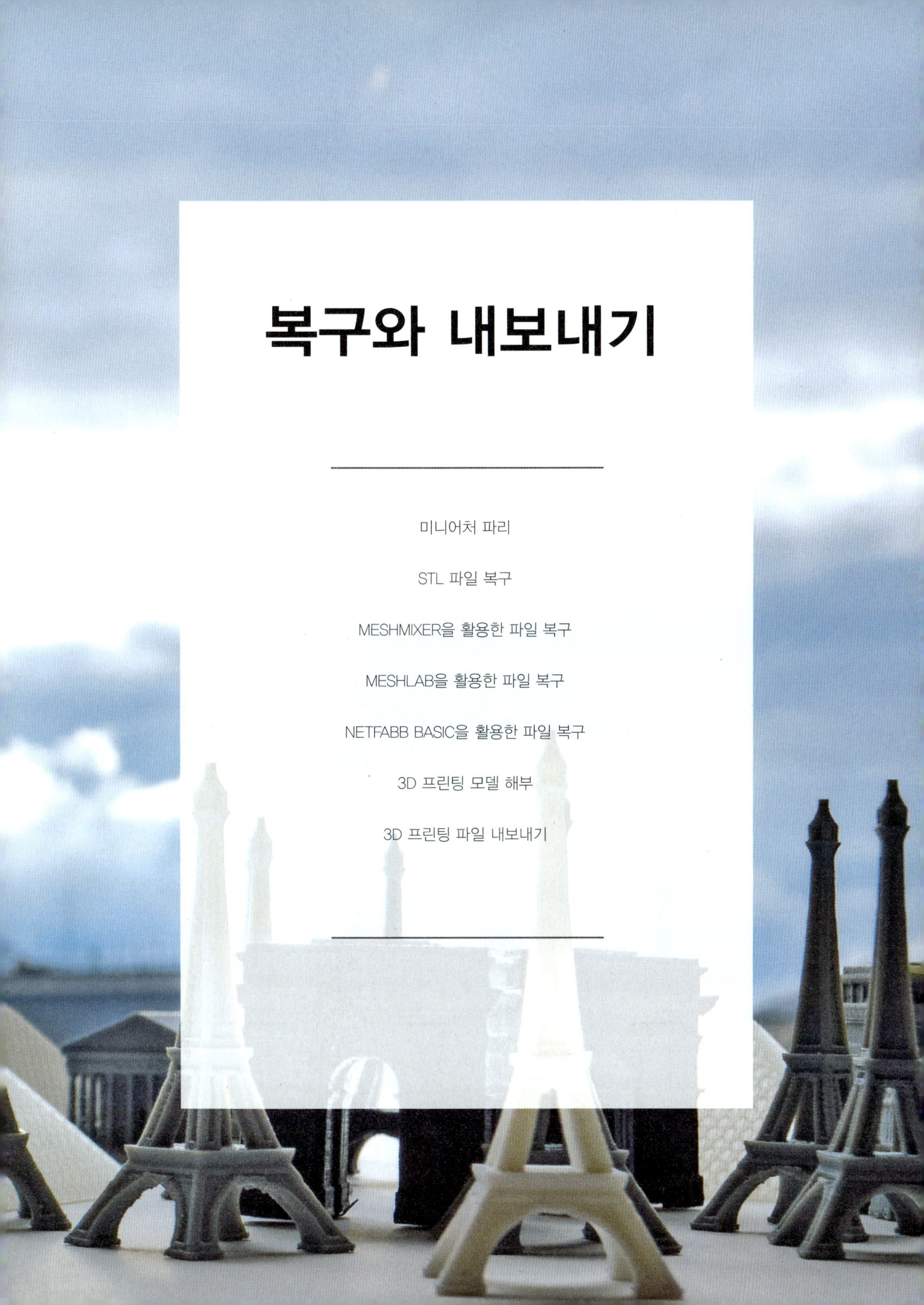

복구와 내보내기

노트르담 미니어처
3D 출력: Replicator 2 By: le FabShop
출처: le FabShop

미니어처 파리

웹에는 3D 콘텐츠가 풍부합니다—자동차, 가구, 식물, 비디오게임 캐릭터에 이르기까지. 아마도 당신이 원하는 모든 것이 웹에 있을지 모릅니다. 어떤 것은 무료이고 어떤 것은 값을 지불해야 할 테지만, 여러분이 웹에서 구한 대부분의 파일이 바로 3D 프린팅에 적합하지는 않을 것입니다. 대부분의 파일이 3차원이 아닌 2차원 그래픽(합성 이미지, 애니메이션, 건축평면계획 등)을 염두에 두고 디자인되었기 때문이죠.

파리의 미니어처 기념물 컬렉션은 오픈소스 건축모델이 3D 출력용으로 잘못 활용된 대표적인 예입니다. 원래는 구글 어스(Earth)의 3D 영상으로 제작된 건물들이 SketchUp Warehouse 플랫폼으로 다운로드되었던 것입니다. 원본 파일들은 수많은 디자인 오류들(예를 들어 벽면이 너무 얇다거나 하는)을 포함하고 있어 미니어처 척도로 출력하기 위해서는 교정 작업이 필요합니다.

Le FabShop에 의해 완성된 미니어처 파리 프로젝트는 파리의 건축물들에 대한 기념품 컬렉션 제작을 목적으로 합니다. 각각의 미니 기념물은 크리스털 플라스틱 구 안에 넣어져 제 1회 Maker Faire Paris 전시회 기간 동안 자판기에서 판매되었습니다. 컬렉션에는 에펠탑, 개선문, 사크레쾨르(Sacre Coeur) 성당, 노트르담 성당, 마들렌 사원, 루브르 박물관의 피라미드 등과 같은 수많은 파리 유명 건축물이 선보였습니다. 다음의 링크에서 다운로드받을 수 있습니다.

http://www.thingiverse.com/thing:311002

출처 : 한양대학교 Imagine Lab + 실로암시각장애인복지관/설리번학습지원센터
(http://imagine.hanyang.ac.kr)

미니어처로 만드는 건 단순히 장식적인 목적 이외에 시각장애인 혹은 초행길의 사람들의 안전한 외출을 돕기 위하여 3D 프린팅 촉지도로 개발될 수 있습니다. 한양대학교 Imagine Lab과 설리번학습지원센터가 공동으로 제작한 3D Finger Map은 시각장애인들의 왕래가 빈번한 경복궁역에서부터 맹학교 주변까지의 경로를 700:1의 축적으로 보행경로 관련 위험요소와 편의요소를 구분하여 3D 프린팅으로 제작하였습니다.

STL 파일 복구

3D 프린팅용 파일은 몇 가지 기준을 만족해야 합니다(22-23쪽을 참고하세요).

자신이 3D 모델 제작자가 아니고 모델이 디지털 제작을 위해 생성된 것이 아니라면, 다운로드 받은 모델이 이러한 기준을 충족하지 않을 가능성이 높습니다.

다음은 일반적으로 나타나는 문제들입니다.

- 뒤집힘(메시 일부분이 잘못된 방향을 향함)
- 표면이 열림(Open surface)
- 서로 겹침(Collision between volumes)
- 에지가 반듯하지 않음(Non-aligned edges)
- 파일 형식이 잘못됨
- 척도가 잘못됨

여러분이 직접 만든 파일이 아니라면 해법을 찾을 수 없는 경우도 생길 수 있습니다. 다행히, 모델의 원래 소스파일을 다루지 않고서도 이와 같은 문제들을 해결해 주는 소프트웨어가 있습니다. 물론, 어떤 파일들은 복구하기에는 너무 문제가 많다는 점에서 완벽한 소프트웨어는 없습니다만, 그래도 굉장히 효과적인 프로그램들이 있습니다. 그 중 가장 눈에 띄는 것은 벨기에 Materialise사의 MAGICS라는 소프트웨어입니다. 이 소프트웨어는 상당히 고가에 판매가가 책정되어 있는데, 대기업이나 3D 프린팅 전문가가 주요 고객층입니다. 이 책에서는 무료이며 쉽게 사용할 수 있는 다음의 세 가지 소프트웨어를 추천합니다.

- Netfabb Basic
- Meshmixer
- Autodesk Print Studio

같은 문제라 할지라도 소프트웨어에 따른 해법은 다를 수 있습니다. 바로 이런 이유 때문에 복구가 가장 잘 되는 것이 무엇인지 알아보기 위해 몇 가지 소프트웨어를 시험해 볼 만한 가치가 있습니다. 다음 장의 실습을 위해 몇몇 면이 누락된 에펠탑 모델을 다음의 링크에서 다운로드 받으십시오. 이후 몇 가지 복구 소프트웨어를 테스트하기 위한 절차를 따라 해 보십시오.

https://www.thingiverse.com/thing:440546

MESHMIXER를 활용한 파일 복구

Meshmixer 다운받기:

http://www.123dapp.com/meshmixer

Meshmixer는 STL 파일의 메시를 직접 수정할 수 있는 흔치 않은 무료 소프트웨어 프로그램입니다. [분석 Analysis] 기능은 3D 파일의 유효성을 검사하는 강력한 도구입니다.

[메뉴 Menu]-[임포트 Import]를 클릭하여 3D 모델을 Meshmixer로 가져온 후 왼쪽 바의 일곱 번째 아이콘인 [분석 Analysis] (파란색 삼각형 점들이 있는 공 모양 아이콘)를 선택하십시오. 마지막으로, 회색 박스에 보이는 [검사 Inspector] 도구를 선택하십시오.

만약 파일에 기하학적 문제가 있다면 색깔코드가 부여된 구(球)형 아이콘이 나타날 것입니다.

색깔코드:

- 파란색은 메시에 구멍이 있다는 것을 뜻함
- 빨간색은 비다양체(non-manifold) 영역을 가리킴
- 자주색은 모델링 파트가 일반적인 메시로부터 이격(disconnected)되었음을 뜻함

구형아이콘을 왼쪽 클릭하여 모델링 문제를 해결해 봅니다. 아이콘의 색이 회색으로 바뀌면 복구가 실패한 것입니다(이 경우 Ctrl+오른쪽 클릭으로 다른 Meshmixer 도구를 수동으로 선택해서 복구할 수도 있습니다). 메뉴의 [모두 자동복구 Auto Repair All]를 클릭하면 모든 오류가 한 번에 고쳐집니다. 단, 예측 못한 소프트웨어 논리가 작용할 수도 있음을 주의하십시오. 모델 자체가 완전히 사라질 수도 있습니다!

자동복구가 잘 작동하지 않으면 각 구형아이콘을 한 번에 하나씩 선택하여 각 복구가 오브제의 다른 기하 구조에 영향을 주지 않음을 확인하며 복구를 진행하십시오. 그것도 아니라면, Meshmixer의 다른 도구를 찾아 수동 복구를 시도해 보십시오.

에펠탑의 경우 자동복구를 수행하면 첨탑 부분이 완전히 사라집니다. 이 경우 검사가 실패한 것인데, [편진 Edit]-[솔리드 만들기 Make Solid]를 시도해 보십시오. 이 기능을 사용함으로써 오브제가 출력 가능해지는데, 단, 표면의 품질은 상당히 저감됩니다.

MESHLAB을 활용한 파일 복구

MeshLab 다운받기:

http://meshlab.sourceforge.net

MeshLab은 매우 가볍고 사용하기 쉬운 오픈소스 소프트웨어로 비구조적인 3D 삼각 메시의 편집과 처리가 간편합니다. 이 소프트웨어는 3D 스캐닝 시 발생할 수 있는 비구조적인 메시를 처리하기 위해 개발되었습니다. 특히, 이러한 메시들의 편집, 정제, 검사, 복구, 렌더링, 변환 등의 기능을 제공합니다.

MeshLab을 열고 모델링 결함 있는 에펠탑 모델을 가져오세요. [파일 File]-[임포트 Import mesh]를 클릭합니다. 다음 에펠탑을 선택하세요.

[중복점 통합 Unify Duplicated Vertices]이라는 메시지가 나타날 것입니다. 박스에 체크하고 확인을 누르세요.

오브제 복구를 위해서 [편집 Edit]-[구멍 메우기 Fill hole]를 클릭하세요. 다음과 같은 창이 열립니다.

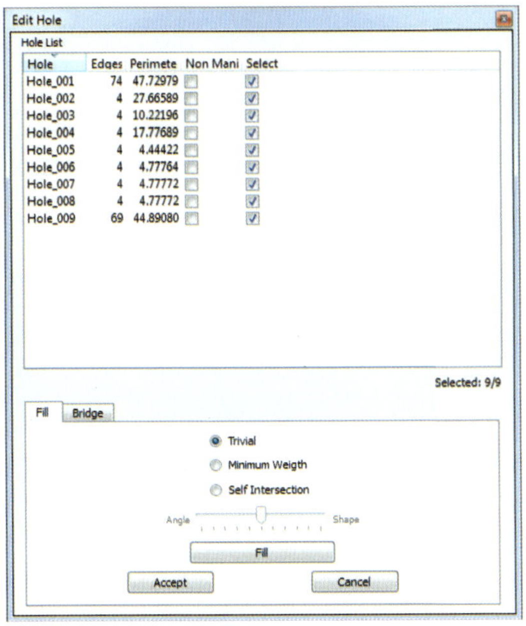

복구할 수 있는 공간이 빈 면들의 목록이 화면에 보입니다. 본 예제에서는 모든 박스에 다 체크한 후 [Trivial]과 [Accept]를 클릭하세요. [Trivial] 기능은 우리 오브제의 두 번째 부분에서 볼 수 있듯이 내부에서 단절된 메시를 가진 복잡한 면들까지 모두 복구합니다.

자동복구를 수행한 후 에펠탑의 긴 부분의 형상이 찌그러진 것을 발견하셨을 것입니다. 복구를 여러 번 거친 모델은 종종 둥그렇거나 픽셀이 보이거나 하게 됩니다. MeshLab은 복구가 아무리 복잡하더라도 파일 복구를 거부하는 경우가 거의 드뭅니다.

오브제가 복구되면 새로운 STL 파일을 [메시 내보내기 Export Mesh] 기능을 이용해서 저장하십시오.

NETFABB BASIC을 활용한 파일 복구

Netfabb Basic 다운받기:
www.netfabb.com

Netfabb Basic을 열 때마다 등록페이지가 뜨고 소프트웨어를 이용하기 위해 필요한 조건과 규약에 동의할 것을 요구합니다. 이렇게 반복함으로써 다양한 고급기능을 탑재한 유료버전으로 업그레이드하도록 합니다. [나중에 Later]를 클릭함으로써 라이선스 요청을 연기합니다. Netfabb Basic 버전을 계속해서 사용할 수 있습니다.

애플리케이션은 열어지는 회색 배경 상에 열립니다. [프로젝트 Project]로 가서 [파트 더하기 Add part]를 클릭하여 원하는 3D 모델을 업로드합니다. 오브제는 초록색과 빨간색으로 화면에 투사될 것입니다. 빨간색 영역은 문제가 있는 표면임을 상징합니다. 에펠탑의 예에서는, 빨간색은 오브제의 내부 표면입니다. 따라서 모델이 문제없이 출력되려면 보이는 모든 표면이 초록색이어야 합니다.

애플리케이션 상단의 메뉴바를 보면 [복구 Repair]라는 작은 빨간 십자가가 있습니다. 이 기능을 선택하십시오.

오브제가 파란색으로 바뀌고 메시가 나타날 것입니다. 오른쪽에 여러 가지 옵션을 보여주는 창이 나타납니다. 이들을 무시하고 맨 아래의 [자동고침 Automatic repair]을 선택하세요. [기본고침 Default repair]와 [단순고침 Simple repair] 중 선택해야만 하는데, 둘 다 대부분의 경우에 다 적용할 수 있습니다. 오픈된 표면이 닫히고 솔리드 형태가 되면 [적용 Apply repair]과 [원 파트 제거 Remove old part]를 클릭하여 확인합니다.

이렇게 고쳐진 부분을 새 STL 파일로 저장하려면 새롭게 생성된 부분을 오른쪽 클릭하고 부분 [내보내기 Export part]를 선택하여 [STL형식으로 내보내기 as STL]를 선택하십시오.

자동고침은 실수를 모두 완벽히 고치는 것은 아닙니다. 그림과 같이 에펠탑의 여러 폴리곤들이 여전히 누락되어 있는 등과 같은 이상모델을 찾아 볼 수 있을 것입니다.

3D 프린팅 모델 해부

3D 프린터로 파일을 내보내기 전에 생성된 3D 프로젝트의 특성을 레이어 단위로 알아야만 합니다.

라프트(RAFT)

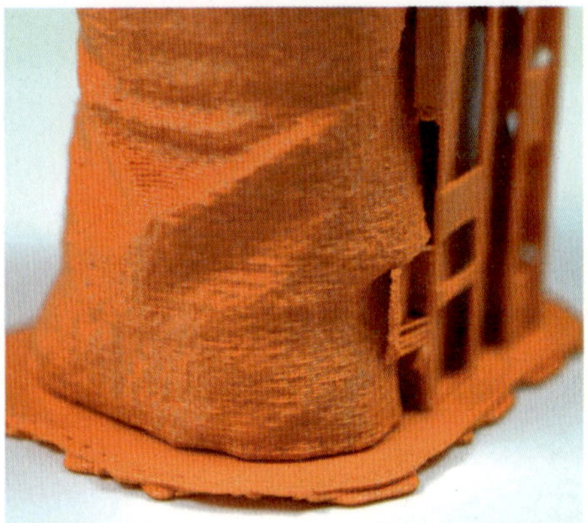

라프트 기능은 출력오브제보다 조금 넓은 플라스틱 기저부를 생성하는 것으로, 출력물 표면과 플랫폼 간을 보다 단단하게 붙게 하여, 오브제가 분리되어 떨어져나가거나 하중을 못 견뎌 휘게 될 위험을 줄이기 위함입니다. 라프트는 두 요소 간의 접합을 약화시키는 미세표면가공(microtexture)을 활용하여 두 요소를 수동적으로 분리시킵니다. 용해성 소재로 출력할 경우 서포트와 라프트는 HIPS의 경우 리모넨 용제로, PVA의 경우 물로, 아세탈 수지는 따뜻한 수산화나트륨 용제로 제거될 수 있습니다. 다음과 같은 경우에는 "라프트" 기능을 활용하는 것이 좋습니다.

- 좁은 수직적 물체
- 같은 플랫폼 상의 다수의 조각들
- 고수축성 플라스틱(ABS 같은)을 사용하는 경우
- 큰 조각(큰 조각의 넓은 하단은 출력 중 휘어지는 경향이 있음)
- 서포트 기능을 사용 시(아주 얇은 벽면 지지구조)—라프트는 플랫폼이 탄탄한 고정면을 갖도록 함.
- 훼손된 출력 플랫폼(플랫폼 면의 결점은 제작물 바닥이 아닌 라프트의 바닥에 영향을 줌)
- 플랫폼을 완벽히 평평하게 만들기 어려울 때(라프트가 더 두꺼운 레이어를 갖기 때문에 노즐이 움직이는 축과 평행하게 서서히 채워나가게 됨). MakerBot mini와 같이 수동 플랫폼 평탄화 기능이 없는 3D 프린터는 라프트가 필수적임.

서포트(Support 또는 SCAFFOLDING)

서포트는 라프트처럼 주저앉을 것이 염려되는 오브제의 부분을 지지한 후 떼어낼 수 있는 지지대입니다. 지지구조는 슬라이싱 소프트웨어가 자동으로 계산하며, 브리지 간의 거리, 출력물 돌출부의 귀퉁이, 그리고 심지어는 플랫폼 상 빈 공간에 떠 있는 레이어가 주요 입력계산요소가 됩니다. 출력이 끝난 후 손이나 핀셋 등으로 지지대를 제거할 것이므로 용해성 소재(HIPS, PVA)를 사용하는 것이 아니라면 오브제의 부분 중 접근불가능한 곳에 서포트가 설치되지 않도록 확인하세요.

내부 채움(INFILL)

STL은 오브제의 외벽만을 표현합니다. 하지만 필요에 따라 3D 프린팅 시 오브제의 내부를 채우거나 비우는 것을 선택할 필요를 느낄 것입니다. 내부 채움은 퍼센트로 표현되어 채우는 밀도를 결정합니다. 퍼센트 수치가 높을수록 오브제 구조의 밀도가 높아집니다. 셀들은 통상적으로 육각형 또는 사각형인데 다른 수많은 옵션도 역시 가능합니다(MakerBot은 고양이 실루엣을 이용한 내부 채움 설정도 제공합니다). 완벽히 내부를 채우는 것은 그다지 좋은 방법은 아니라는 점을 유념하세요. 20% 정도 채우는 것도 충분히 단단합니다.

셸(Shell 혹은 Wall Thickness)

3D 모델의 메시는 두께가 없는 수학적 표면일 뿐입니다. 오브제를 실체로 만들기 위해서는 벽에 두께 값을 지정해 주어야만 합니다. FFF에서의 셸(Shell)은 레이어의 아웃라인을 그리기 위해 노즐이 진행하는 경로의 수와 같습니다. 0.4 mm 노즐과 2-shell 설정이라면 벽두께는 0.8 mm가 될 것입니다(이는 속도와 단단함 사이의 완벽한 절충입니다). CURA와 같은 몇몇 소프트웨어는 필요한 레이어의 수를 자동으로 조절하며 당신이 원하는 정확한 셸 두께를 고를 수 있도록 합니다.

레이어 층 높이

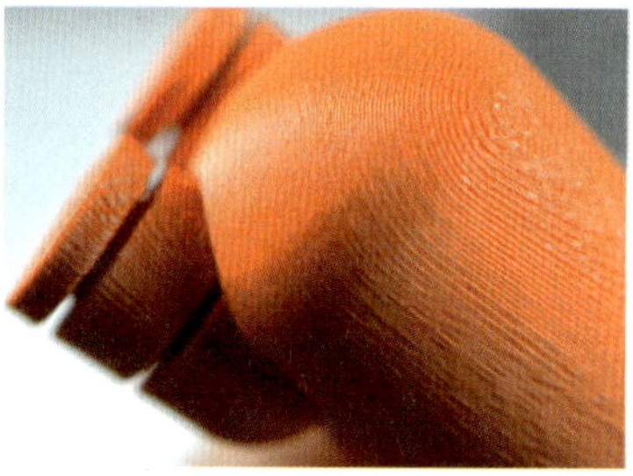

FFF에서 출력물은 0.1에서 0.3 mm 사이의 레이어로 생성됩니다. 출력되는 표면에 줄무늬가 나타날 수도 있습니다. 이와 같은 계단효과는 표면이 수평면에 가까워질수록 커집니다. 지형도의 등고선과 같은 질감이 나타나는 것입니다. 곡면이 약간 있는 면이 가장 영향을 크게 받습니다. Z 해상도가 낮을수록(예를 들어, 0.3 mm) 레이어가 더욱 잘 보일 것입니다. 다른 말로 하자면, DLP와 같은 고해상도 3D 프린팅 기술에서는 레이어가 거의 육안으로는 보이지 않는 이유이기도 합니다. 출력 면에 대한 모델의 출력방향은 서포트와 돌출부의 상태에 영향을 줄 뿐만 아니라 출력된 층의 형상과 출력물의 경도에도 영향을 줍니다.

강도

기능적 오브제를 출력할 때는 출력조각의 결 방향을 주의 깊게 관찰하고 물리적 제약조건에 유념해야 합니다. 수직으로 출력된 좁은 프리즘은 수평적으로 출력된 것보다 경도가 훨씬 낮습니다. 결 방향을 따라 출력하면, PLA나 ABS 같이 딱딱한 소재를 사용할지라도 부분적으로 유연한 오브제를 얻을 수 있습니다.

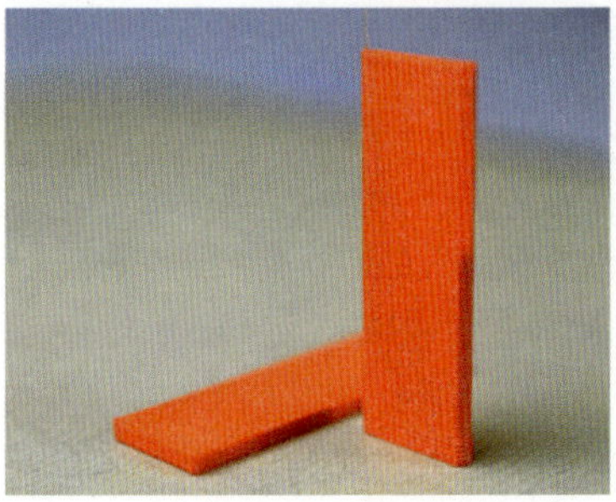

3D 프린팅 파일 내보내기

3D 프린터 대부분은 슬라이싱 소프트웨어를 사용합니다만 Meshmixer를 사용하여 출력물의 슬라이싱을 준비하는 것도 가능합니다. Meshmixer 소프트웨어를 시작합니다.

첫째, 3D 파일을 가져온 후 [프린트 Print] 기능을 여십시오.

새 인터페이스가 나타납니다. 새로 나온 메뉴의 위에 선택할 수 있는 3D 프린터들이 보입니다(여러분이 사용하는 3D 프린터가 보이지 않으면 자신만의 프로파일을 만드세요). 자신의 프린터와 모델을 위한 디스플레이 색을 고르세요.

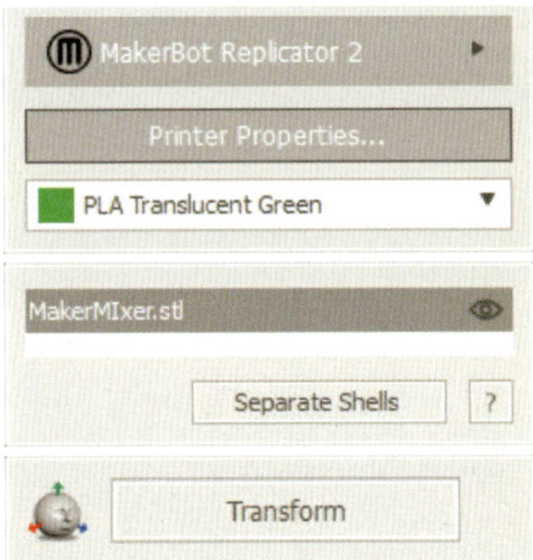

[변환 Transform]을 클릭해서 제공하는 옵션을 살펴봅니다. [최대 출력사이즈 맞추기 Fit to build volume] 기능으로 3D 프린터기 기준으로 모델을 출력 가능한 최대 사이즈로 조정합니다.

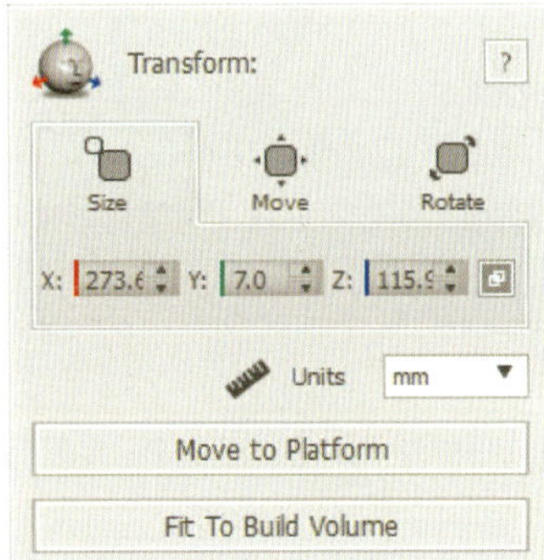

[플랫폼 맞추기 Move to platform] 기능은 아주 중요한데, 오브제의 바닥면이 3D 프린터 플랫폼 준위에 위치하도록 합니다. 즉, 출력물이 공중에 떠있지 않도록 항상 주의해야 합니다. 그렇지 않으면 쓸모없이 서포트가 설정되어 후작업 시간이 오래 걸릴 수 있습니다. 모델에 만족하면 [완료 Done]을 클릭한 후 [서포트 추가 Add Supports]를 사용해 프랙털 지지구조를 만드십시오(이는 시간과 재료를 절약해 줍니다).

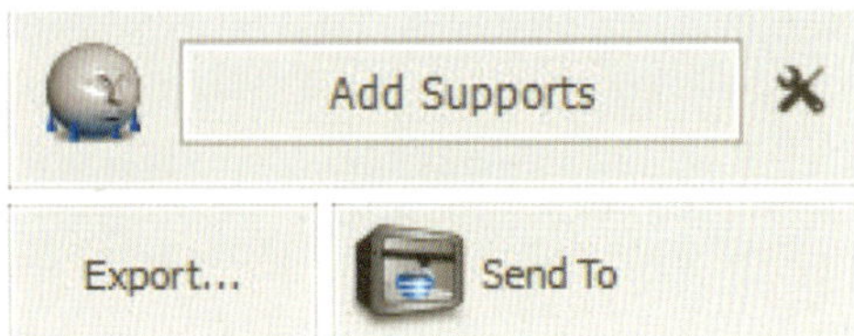

지지될 영역은 빨간색으로 바뀌고 파란색으로 경계선이 나타납니다. 이 영역들은 [돌출부 Overhangs] 도구(Supports 버튼 오른쪽 도구 아이콘 클릭)에서 변경할 수 있습니다. 출력 방향에 만족하지 않는다면 창 맨 아래쪽의 [방향 최적화 Optimize Orientation] 기능으로 가장 적은 서포트를 필요로 하는 출력방향을 계산합니다. 오브제에 따라 출력방향의 최적화가 미적 품질과 다를 수 있습니다.

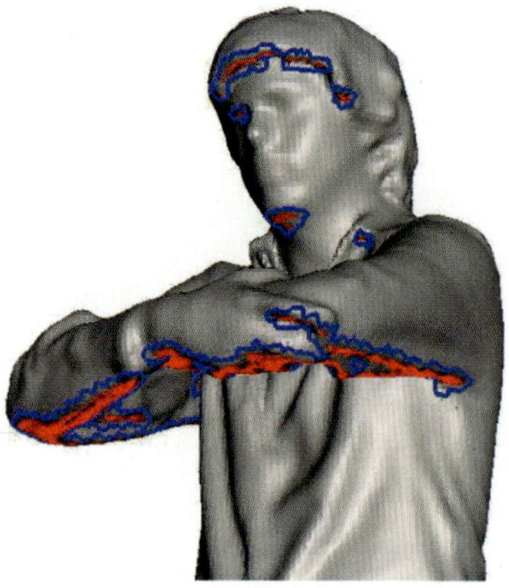

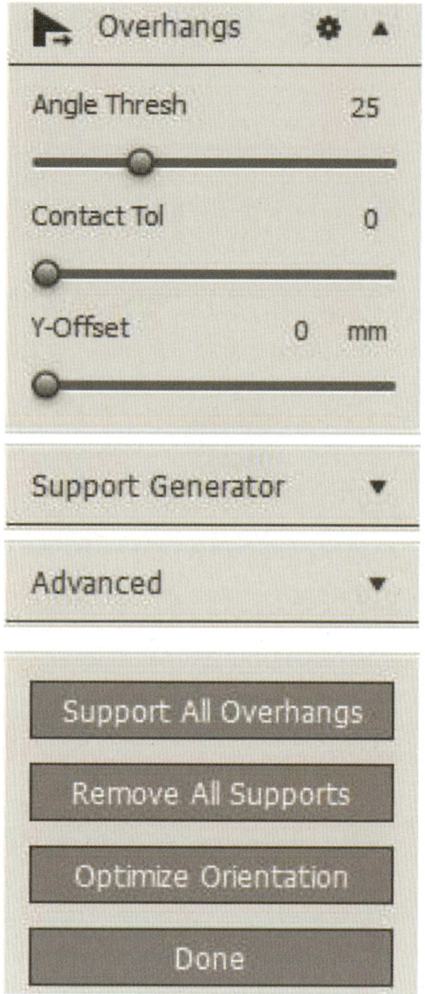

[서포트 생성기 Support Generator] 기능으로 지지구조 품질을 조정할 수 있습니다. 상층부 또는 하층부에 사용되는 보강대의 직경 등과 같은 것이 이에 해당합니다. 지지구조는 반드시 직경을 2 mm보다 크게 하여 일부 3D 프린터에서 문제를 일으킬지 모를 지나치게 얇은 구조를 피할 것을 조언합니다.

[모든 돌출부 서포트 Support All Overhangs] 기능으로 방금 만든 지지대를 시각화할 수 있으며, [모든 서포트 없애기 Remove All Supports]로 처음부터 다시 시작할 수도 있습니다. 만족하면 [완료 Done]을 클릭하여 Meshmixer [프린트 Print] 창으로 돌아갑니다. 이번에는 파일을 내보낼 지지대가 있으므로 인터페이스 하단의 [내보내기 Export]를 선택하여 출력물과 지지대의 STL을 얻습니다. 다른 방법으로는 Meshmixer가 지원하는 프린터(MakerBot, Dremel, Type A 프린터 등)의 경우 [보내기 Send To]를 선택하여 자신의 3D 프린터에 적합한 소프트웨어를 자동으로 선택하도록 합니다.

STL 파일은 3D 프린터가 인식하는 포맷이 아니라 소프트웨어에 의해 인식되는 포맷입니다. 따라서 모델을 절편으로 자르고 기계어(Gcode, X3G, Zcode...)로 전환시키기 위해서는 각 프린터에서 제공하는 소프트웨어로 파일을 내보내는 과정이 반드시 필요합니다.

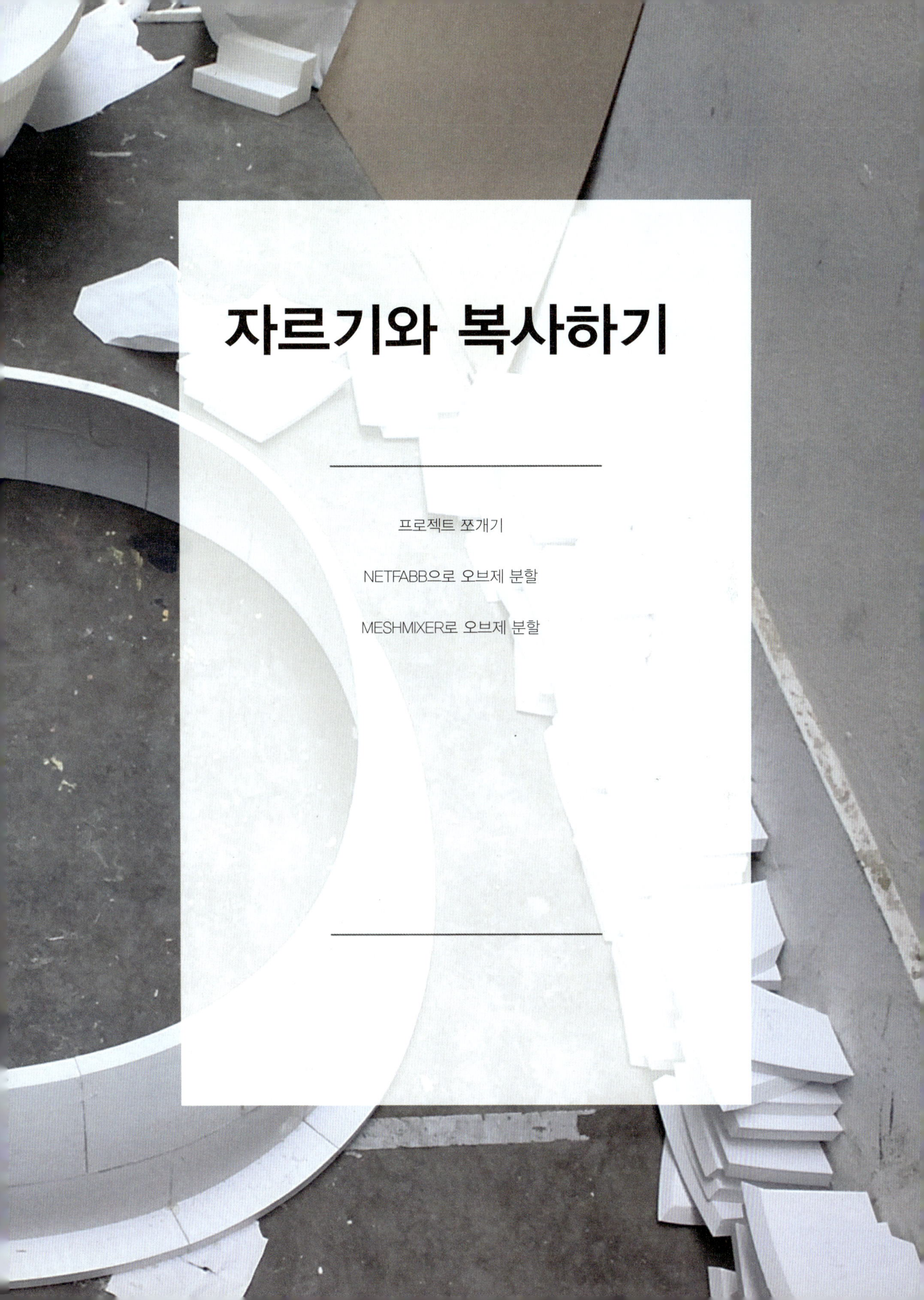

자르기와 복사하기

프로젝트 쪼개기

NETFABB으로 오브제 분할

MESHMIXER로 오브제 분할

완료된 Meiso 몰드(거푸집)
By: Alexandre Kournwsky
3D printed on: Replicator 2
Source: Meiso
c Alexandre Kournwsky

프로젝트 쪼개기

Alexandre Kournwsky는 젊고 야심찬 산업디자이너입니다. 그가 파리의 유명한 디자인학교인 ENSCI–Les Ateliers에서 학위를 취득한 해에 부유(浮游; flotation)와 명상에 집중하는 휴식센터인 Meiso에 대한 아이디어를 구상했습니다. 이 프로젝트를 실행하기 위해서는 부유식 캡슐의 프로토타입을 제작해야만 했습니다. 이 캡슐은 마그네슘 소금이 용해된 물이 적당히 차 있는 누에고치라 할 수 있습니다. 그는 처음에 중밀도 섬유강화패널(MDF)을 CNC 밀링머신으로 깎아 거푸집을 만들고 대형 플라스틱판을 열가공해 제작하는 것을 생각했습니다. 그러나 이 방법은 장비와 제조비가 너무 많이 들었습니다. 그래서 생각해 낸 것이 작은 3D 프린터를 활용해 벽돌을 쌓듯이 거푸집을 만드는 것이었습니다. 거푸집의 원설계 3D 모델은 부품 수가 450개였고, MakerBot Replicator 2로 하나씩 출력되었습니다. 전체 벽돌을 다 만드는 데에 3개월이 걸렸습니다. 이후 커다란 3D 퍼즐처럼 각 블록들을 접착제로 붙였습니다. 친구이자 동거인인 Maite의 도움으로 뜨거운 접착제혼합물을 시멘트 삼아 커다란 PLA 이글루를 지었습니다. 조립을 완료하고서는 앞면에 보이는 대로 매끈하고 평탄한 표면을 만들기 위해 며칠간 자동차 연마제와 사포를 사용해 후처리를 했습니다.

아마도 이렇게 개인용 3D 프린터로 만든 역사상 가장 큰 거푸집은 유리섬유 고치의 첫 번째 시작품을 만드는 데에 사용되었습니다. Meiso사의 첫 번째 벽돌이 쌓아진 것이기도 하구요.

Alexandre Kournwsky의 프로젝트는 자신의 꿈을 실현하기 위해 시간을 투자하는 자에게, 3D 프린터가 한계를 없앰을 증명합니다.

이전 페이지
거푸집 제작
By: Alexandre Kournwsky
3D printed on: Replicator 2
자료: Meiso
c Alexandre Kournwsky

왼쪽 페이지
완료된 Meiso 몰드(거푸집)
By: Alexandre Kournwsky
3D printed on: Replicator 2
Source: Meiso
c Alexandre Kournwsky

오른쪽 페이지
건축모델
By: Alexandre Kournwsky
3D printed on: Replicator 2
Source: Meiso
c Samuel N. Bernier

NETFABB으로 오브제 분할

가끔은 만들고자 하는 오브제가 자신의 3D 프린터에 비해 너무 넓거나 깁니다. 이때 사용할 수 있는 한 가지 방법이 전체를 각각 만들어 조립할 수 있는 구성품으로 나누는 것입니다. 3D 파일을 만들 때 디자인을 하듯이 소프트웨어에서 직접 분할작업을 하는 것이 최선입니다. 만약 이게 불가능하다면, 커다란 3D 오브제를 Netfabb Basic과 Meshmixer를 사용해 나눌 수 있습니다. 이 방법은 기하학적으로 복잡한 부분을 서포트 없이 출력하길 원할 때나, 출력 바닥면이 평탄하지 않을 때에도 활용할 수 있습니다. 이 예제는 3D 프린터 크기를 초과하는 오브제를 출력하기 위하여 인터넷에서 다운받은 3D 모델의 척도를 바꾸고 분할하는 과정을 실습합니다.

실습에 앞서 Thingiverse 사이트에서 사용자(B9Creations)가 제공하는 에펠탑을 다운로드받으십시오.

http://www.thingiverse.com/thing:22051.

에펠탑 모델을 다운받은 후 Netfabb Basic에서 열어봅니다. 원 오브제의 높이는 120.95 mm여서 대부분의 FDM/FFF 방식 3D 프린터에서 상세한 부분까지 출력하기에는 너무 작습니다. 이제 크기를 다섯 배 더 크게 해서 60 cm 높이의 탑으로 만듭니다. 이는 MakerBot Replicator 2의 최대 출력 높이의 4배에 달합니다.

메뉴 바에서 수직방향과 수평방향 화살표 두 개를 가진 회색 원 모양의 [크기 Scale] 아이콘을 택합니다. [부분 척도 조정 Scale Parts] 윈도우가 열릴 것입니다. [파라미터 Parameters] 섹션에서 [목표 크기 Target size]의 Z값을 600(mm 단위)으로 바꿉니다. 다시 [크기 Scale]을 클릭합니다. 모델이 자동으로 커지고 중앙부분을 확대한 느낌이 들 것입니다. 마우스의 스크롤 바퀴를 안쪽으로 돌려 전체적인 부감을 해봅니다.

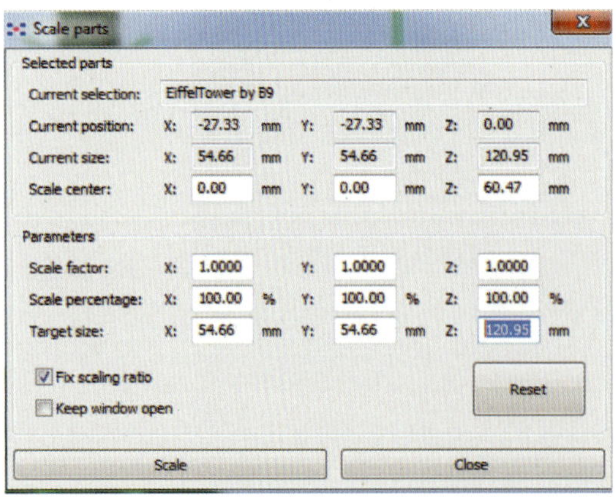

다음 단계에서 보다 정밀하게 조작하기 위해서는 등거리 뷰를 정면 뷰로 전환해서 봅니다. 메뉴 바에서 [정면 뷰 Front] 아이콘을 선택합니다.

이제 에펠탑을 분할하는 과정을 시작해 봅니다. 우하단에 [자르기 Cuts] 회색 윈도우가 있습니다. Z축 슬라이더를 279 mm에 위치시키고 [모두 자르기 Cut all parts] 기능을 선택합니다. [자르기 실행 Execute cut] 버튼을 누르면 새 창이 열립니다. 한 번 더 [자르기 Cut]를 선택합니다.

스크린의 왼쪽 위의 [파트 Parts]창에 새 구성요소가 보일 것입니다.

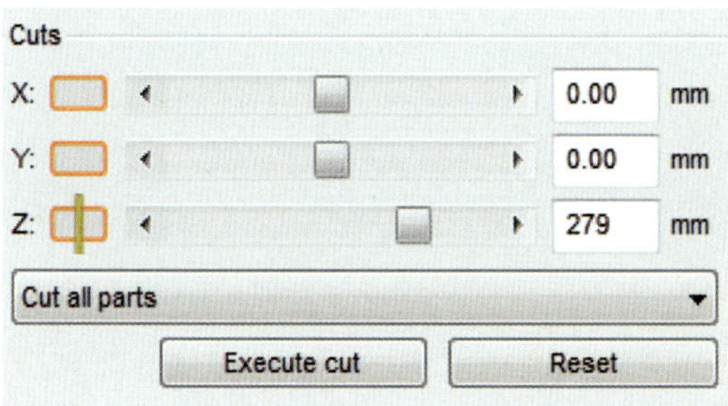

이제 자르기를 다음 높이로 반복합니다. 140, 0, -29, -32, -229.

7개 그룹이 만들어졌을 것입니다. 그러나 여전히 Replicator로 출력하기 큰 3가지 파트—1층, 탑 지지부분, 베이스—를 Shift키를 누른 채 하나씩 클릭하여 선택합니다. 선택된 부분은 초록색으로 바뀌고, 나머지 부분은 회색으로 유지됩니다.

[자르기 Cut] 기능에서 X 슬라이더를 아무 값으로나 옮긴 후 다시 0으로 되돌립니다. 그리고 자르기 모드를 [선택된 부분 자르기 Cut only selected parts]로 선택한 후 자르기를 실행합니다. Y축에 대해서도 이 작업을 반복해 보세요.

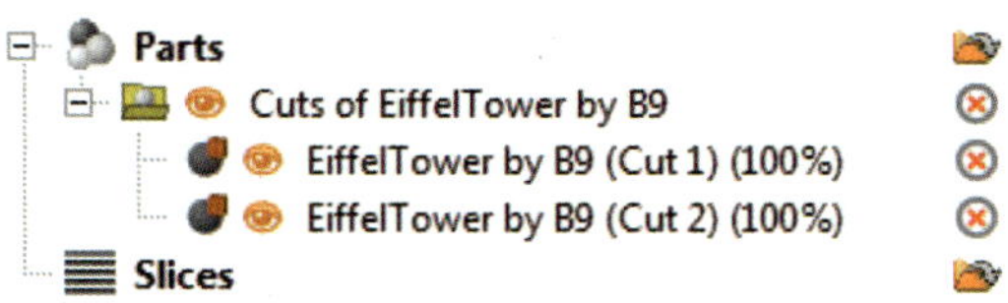

이제 모델은 12개 볼륨으로 나누어졌습니다. 이중 대칭적이거나 같은 모델을 제외한 7개의 모델만 STL 포맷으로 내보냅니다.

파일 내보내기를 할 때 Netfabb에 추천하는 [최적화 Optimize] 옵션을 선택합니다.

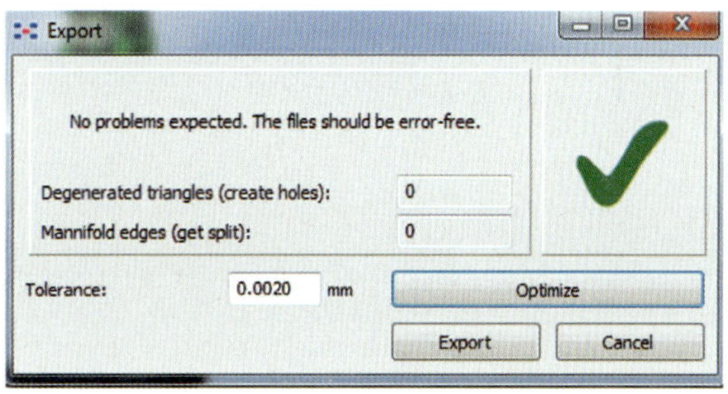

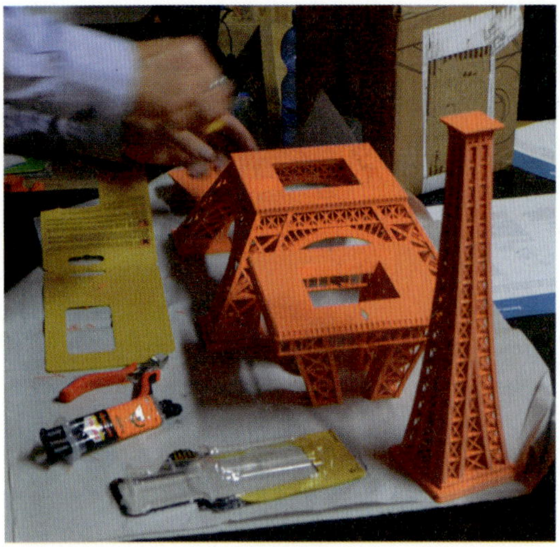

© Le FabShop

출력된 부품들은 에폭시 풀로 합칠 수 있습니다.

여러분이 한 것과 Thingiverse에 이미 있는 분할 파일을 비교해 보세요.

http://www.thingiverse.com/thing:399769

Thingiverse에 있는 부품들은 서포트와 라프트 없이 출력시간을 최적화하도록 출력 방향과 위치가 설정되었습니다.

여기서 기술한 60 cm 에펠탑을 만드는 기법은 다양한 색깔과 소재를 사용함은 물론 출력 방향을 최적화하고 제작되는 오브제의 크기를 프린터 허용크기보다 훨씬 크게 만들 수 있도록 도와주는 아주 유용한 기법입니다. 다양한 오브제로 실습해 보시길 바랍니다.

© Le FabShop

MESHMIXER로 오브제 분할

FDM/FFF 3D 프린터를 사용할 때는 바닥면이 고르지 않고 우둘투둘하게 출력되는 것이 종종 문제가 됩니다. 평탄면이 없다는 것은 서포트가 필요하기 때문입니다. 오브제의 디자인에 영향을 주지 않는 경우라면 인위적으로 표면 재료제거를 통해 평탄한 바닥면을 만들어 볼 수도 있습니다. Meshmixer로 이 작업을 하는 법을 알아보겠습니다.

Meshmixer를 열고 [파일 File]-[구체 가져오기 Import Sphere] 기능을 선택합니다.

일반적인 구체가 자동으로 가져와 집니다. 왼쪽의 메뉴 바에서 검은색 삼각형 문양의 회색 원 아이콘의 [편집 Edit]을 선택하고, [평면 자르기 Plane Cut]를 클릭합니다. 구체 절반을 가상영역으로 만들면서 그

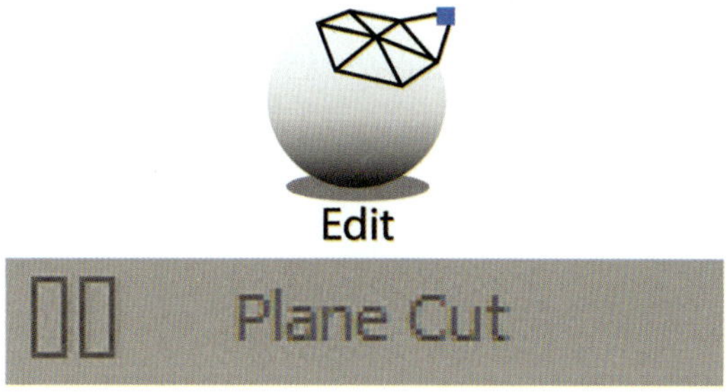

물면이 나타납니다. 평면 자르기 방향을 바꾸고 싶으면 간단히 커서를 초록색 회전축에 가져다 놓고 자르기 면을 다이얼 자를 활용해 천천히 회전하여 조절할 수 있습니다.

마우스를 드래그하여 5도 위에 면이 붙을 수 있도록 끌어 놓습니다. 평면을 위나 아래로 움직이려면 수직축(Z)의 작은 파란색 화살표를 선택하고 이동하면 면을 원하는 높이로 끌어 맞출 수 있습니다.

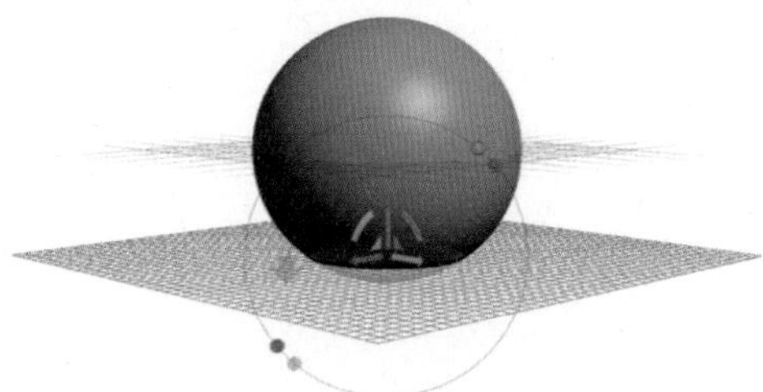

이때 커다란 파란색 화살표는 제거하고자 하는 방향을 향하는지 반드시 확인합니다. 화살표를 클릭하면 방향을 바꿀 수 있습니다.

자르기를 할 때, 자르는 영역의 경계선이 확인하고 [평면 자르기 Plane Cut]-[채우기 Fill]의 모드가 [DelRefine] 혹은 [Delaunay]에 선택되어 있는지 확인합니다. 구멍들이 자동으로 메꿔지게 됩니다. [자르기 Cut]-[그룹 슬라이스 Slice Groups] 모드로 바꾸면 메시를 서로 다른 셸들로 분할할 수도 있습니다. 별도로 옵션들을 선택하기 위해서는 먼저 [오브제 브라우저 Object Browser]를 열고 [편집 Edit]-[셸 나누기 Separate Shells] 기능을 사용해야 합니다. 마지막으로 회색 창에서 [동의 Accept]를 눌러 선택을 완료합니다.

MEMO

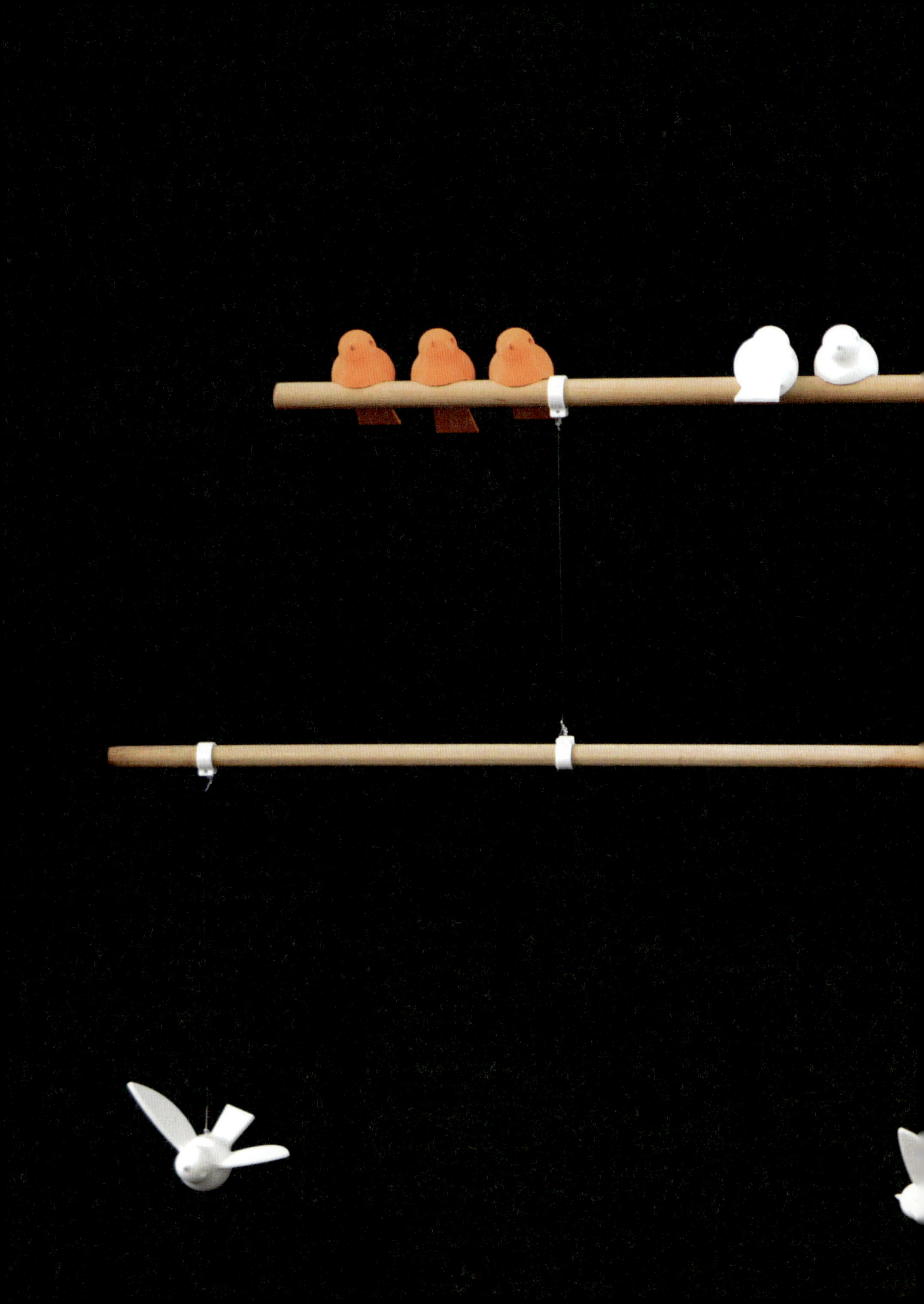

3D 모델링

수공예 선물 모델링

어버이날 고무찰흙으로 만든 소조나 마카로니로 만든 사진 액자를 선물 받은 적이 있을 것입니다.[4] 이러한 소조나 액자는 미학적인 가치와는 별개로 특별한 애정이 담겨 있는 세상에 하나뿐인 그것도 손으로 만든 것이므로, 다락방이나 추억의 물품을 보관하는 상자에 담겨서 오래도록 보관되곤 합니다.

"조셉을 위한 모빌"은 "선물 2.0"의 작례로, 2013년 12월, Le FabShop의 재무팀 매니저는 생애 처음으로 한 아이의 아버지가 되었습니다. 그의 팀에 소속된 디자이너들은 아이의 탄생을 축하하는 선물로 무엇이 적당할지를 상의했습니다. 그 결과, 같은 날 새들과 구름 모양으로 균형을 맞추는 자그마한 모빌이 123D Design 소프트웨어를 이용해 만들어졌습니다.

해당 이니셔티브는 문서화되어 Instructables와 Thingiverse 웹사이트에 공유되었으며 해당 디자인을 수백 명의 영유아들과 부모들이 향유할 수 있게 되었습니다. 물론 아이디어 원안을 3D로 만들어낼 수 있는 수준에 도달하려면 상당 시간의 노력이 필요합니다. 모빌 제작 실습은 3차원 프린팅 모델링 학습의 첫 걸음마라고 할 수 있습니다.

프로젝트 원안은 아래의 링크에서 확인할 수 있습니다.

http://www.instructables.com/id/Birds-Mobile/

4. 역자 주) 미국은 아버지의 날(Father's Day)이나 어머니의 날(Mother's Day)에 아이들이 부모에게 플레이도(Play-Doh)와 같은 고무찰흙으로 소조를 만들거나 색색의 마카로니(파스타의 일종)로 액자를 만들어 사진을 넣어 선물하는 관습이 있습니다.

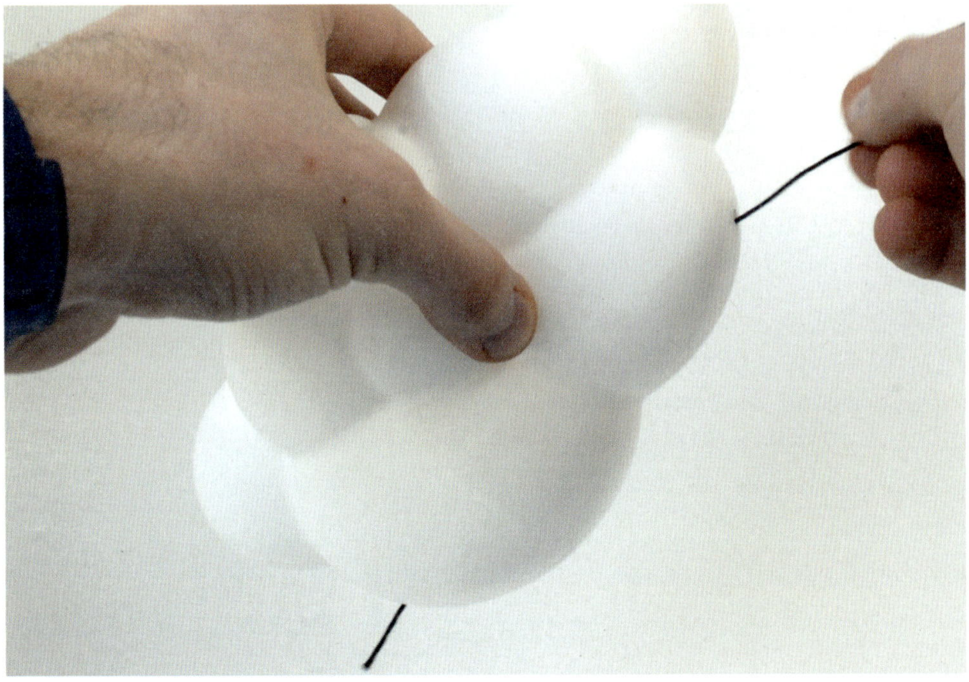

이전 페이지
조셉의 모빌
제작: Samuel N. Bernier
3D 프린팅 장비: Replicator 2
출처: Le FabShop
© Tatiana Reinhard
출처: Thingiverse
Thing: 269088

왼쪽 페이지
조셉의 모빌(새)
제작: Samuel N. Bernier
3D 프린팅 장비: Replicator 2
출처: Le FabShop
© Tatiana Reinhard

오른쪽 페이지
조셉의 모빌(구름)
제작: Samuel N. Bernier
3D 프린팅 장비: Replicator 2
출처: Le FabShop
© Thomas Thibault

3D 프린팅을 위한 모델링

3D 프린팅에 적용할 수 있는 "적합한" 파일을 생성하려면 몇 가지 파라미터가 반드시 고려되어야 합니다. 각각의 경우 고유한 특성이 있지만, 제조 단계에 가서야 잘못되었다는 것을 깨닫는 사태를 피하려면 따라야 하는 몇 가지 기본적인 규칙이 있습니다.

일단 소프트웨어에서 생성된 오브젝트는 내부와 외부가 명료하게 정의되는 기하학적 구조체를 형성하기 위해 모든 면이 닫혀 있어야 합니다. 이 특성을 정의하는 데에 "워터타이트(watertight)"라는 용어가 사용됩니다. 만일 Solidworks, 123D Design, Catia나 Inventor 등의 소프트웨어 상에서 "솔리드(solid)" 모델링 함수만을 사용한다면 워터타이트가 잘 되지 않았다고 해서 문제가 발생하는 경우는 거의 없을 것입니다. 반면 Rhino, SketchUp, Blender 등의 소프트웨어 초보자라면, 실수를 저질렀을 가능성이 높습니다. 입체를 모두 확인하는 간단한 방법은 3차원 오브젝트의 모든 이음새를 시각적으로 확인하고 부실한 이음새를 보완하는 것입니다. 일부 3D 소프트웨어나 플러그인의 경우 기하학적으로 완벽하게 정의되지 않는 오브젝트에 대해서는 STL 파일 하나조차 변환하게 하지 않습니다. 가끔 다른 소프트웨어로 불러들이기를 한 경우 면들이 완전히 뒤집히는 경우도 있습니다. 이 경우, Netfabb Basic을 이용하면 자동으로 수정해 줍니다(46-47쪽 예제 참조).

모델링을 시작하기에 앞서 오브젝트가 만들어질 크기를 알아 두는 것이 중요합니다. 기기마다 프린팅 체적이 동일하지 않습니다. 프린트될 오브젝트의 크기를 결정함으로써 어떤 기기를 사용할지 또는 여러 개의 파트로 분할해야 하는 경우 조립 방법을 계획하는 등이 가능해집니다(58쪽 예제 참조). 이는 특히 건축 규모로 작업하는 사람들에게 중요합니다. 예를 들어, 실제 크기로 모델링된 집의 3차원 파일은 크기를 축소하는 과정에서 창문이나 손잡이 등의 디테일들이 프린트할 수 없는 두께로 얇게 되어버리는 문제가 발생할 수 있습니다. 예를 들어 10 cm 두께의 벽에 1:100 스케일을 적용하게 되면 두께는 0.1 mm에 불과하여, 프린트할 수 없는 두께가 되어버립니다. 이러한 문제가 발생하지 않기 위해서는 최소 0.8 mm의 벽 두께를 확보하는 것이 바람직하며, 만일 이를 다듬고 싶다거나 다른 마감 처리를 적용하고자 한다면, 두께를 더욱 두껍게 하십시오(152쪽 참고). Shapeways 사이트에서는 파우더 소결을 이용하는 출력 요청파일의 최소 두께로 2 mm를 요구하고 있습니다. 어떤 경우에도 권장 두께 이하를 사용하지 않는 것이 좋습니다.

FFF나 FDM 3D 프린터의 경우, 재미있게도 압출 성형기 노즐의 사이즈를 감안할 필요가 있습니다. 시판 중인 개인용 혹은 사무용 3D 프린터 대부분은 직경 0.4 mm의 황동 원형 노즐을 장착하고 있습니다(필라멘트 직경과 무관함). 따라서 프린트되는 소재는 레이어당 0.4 mm의 폭을 지니게 됩니다. 디자이너 에밋(Emmett)의 유명한 작품인 "늘어나는 팔찌(Stretchlet)"처럼 속이 비어 있는 원통을 프린트한다면, 최소 벽두께는 0.4 mm가 됩니다(참조링크: http://www.thingiverse.com/thing:13505).

3D 파일의 크기는 사용에 따라 모델링 소프트웨어에서 혹은 3D 프린터 소프트웨어(MakerBot Software, Slicer, Cura 등)나 미들웨어(Netfabb, Meshmixer 등)를 사용해서 얼마든지 수시로 바꿀 수 있습니다.

123D Design에서 기본도형으로 모델링

123D Design을 다운로드해서 설치합니다.

http://www.123dapp.com/design

Autodesk 123D Design 소프트웨어는 단순한 차원 모델 생성에 매우 훌륭한 도구입니다. 더욱이 솔리드 모델링을 적용하고 있어 개체들이 연결되어 있는 한 대부분 의도한대로 3D 프린팅이 되는 편입니다. 123D Design은 123D Make와 Meshmixer와 같은 다른 소프트웨어와 직접적으로 연결될 수 있으며 디지털제조에서 많은 역할을 담당하고 있습니다. 이번 예제는 기본도형을 사용하여 FDM 방식으로 "조셉을 위한 모빌"의 작은 새를 만들어 보겠습니다.

먼저, 123D Design에서 새로운 프로젝트를 시작합니다. 메뉴상단의 툴바에서 입방체 뒤에 반쯤 가려진 원으로 표시된 [기본도형 Primitives]를 선택합니다.

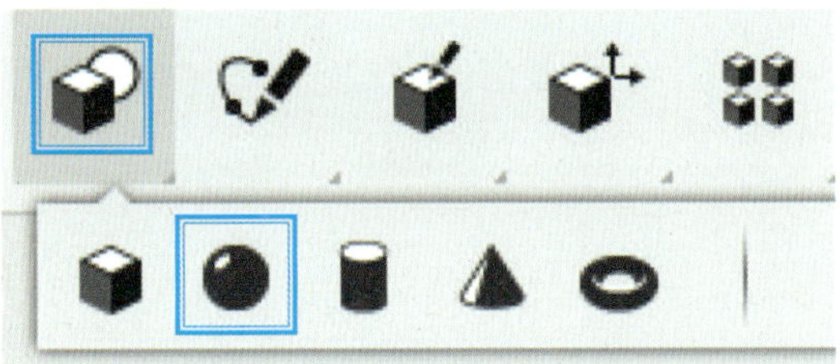

다음 구를 선택하여 그리드의 원점(0,0)에 놓고 반경 14 mm를 적용합니다.

두 번째 구를 X축 15 mm에 넣고 반경 8 mm를 적용합니다.

두 번째 생성된 구를 왼쪽 클릭하면 화면 하단에 나타나는 옵션 중 [이동 Move]을 선택합니다.

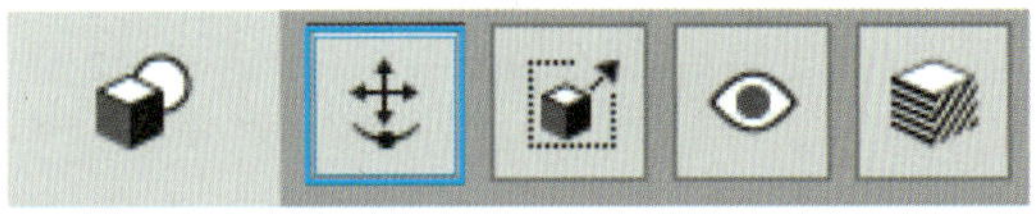

화면에 나타난 화살표를 당겨서 작은 구를 12 mm까지 위로 이동시킵니다. 이때 새의 몸통을 나타내는 큰 구와 접촉된 상태여야 합니다.

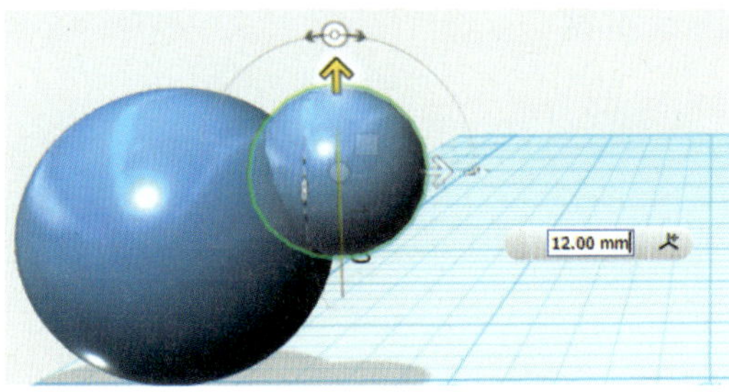

오른쪽 상단의 큐브형태의 오리엔테이션 맵을 사용해서 작업 영역을 전면(Front view)으로 설정합니다. [기본도형 Primitives] 메뉴에서 원뿔을 불러들여서 그리드를 따라 큰 구로부터 25 mm 위치에 놓습니다. 원뿔의 직경 3, 높이 6으로 설정합니다.

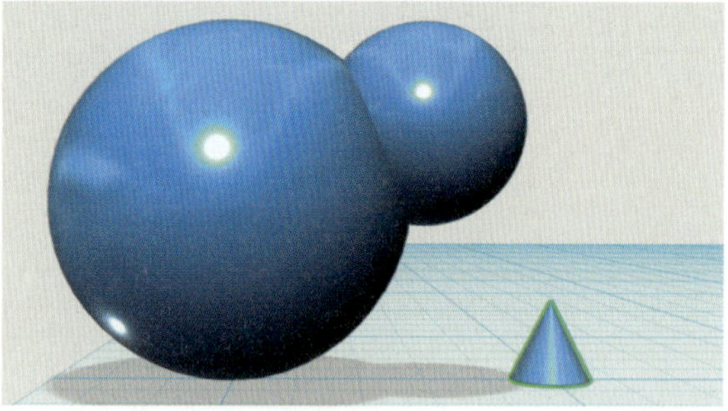

원뿔을 왼쪽 클릭하여 선택합니다. [이동 Move] 옵션의 회전 아이콘을 이용하여 90도 시계방향으로 회전시키고 수직으로 17 mm 밀어놓습니다.

큰 구로부터 15 mm 원기둥을 불러들이되, 바닥면 그리드와 접하도록 합니다. 높이를 맞추면서 반경을 2로 설정합니다.

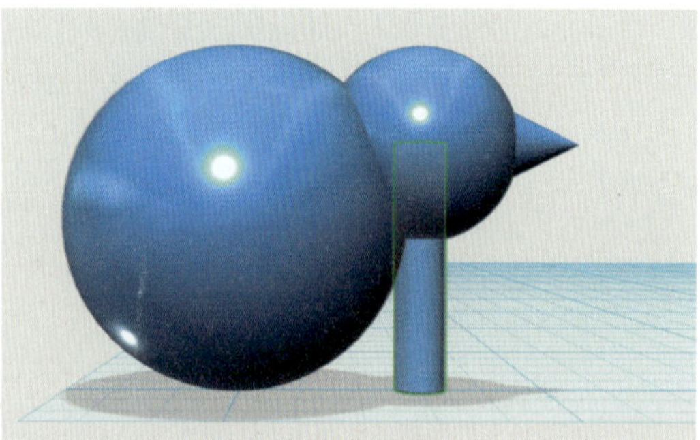

[이동 Move]을 사용해 원기둥을 수평 방향으로 회전시켜서 원위치로부터 수직 방향 11 mm 밀어내어 새의 눈을 형성하도록 합니다.

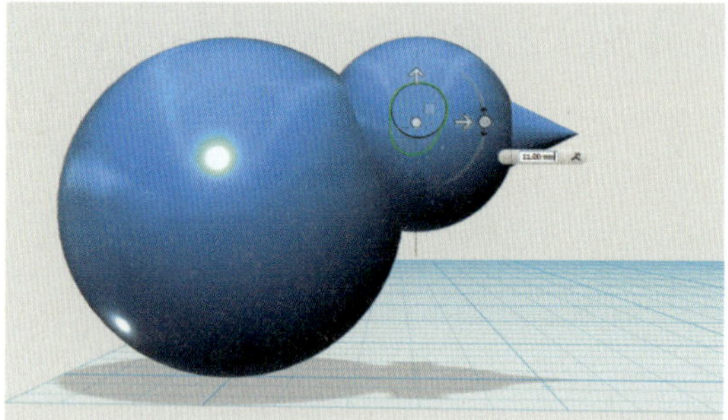

다음 작업 영역을 평면도(Top) 보기로 설정합니다. 기본 박스 형태를 생성합니다. 박스의 중심은 원점으로부터 –20 mm에 위치하고 길이 15 mm, 폭 30 mm, 높이 2 mm로 설정합니다. 전면(Front) 뷰로 돌아가서 박스를 수직으로 10 mm 이동시켜 새의 꼬리를 만듭니다.

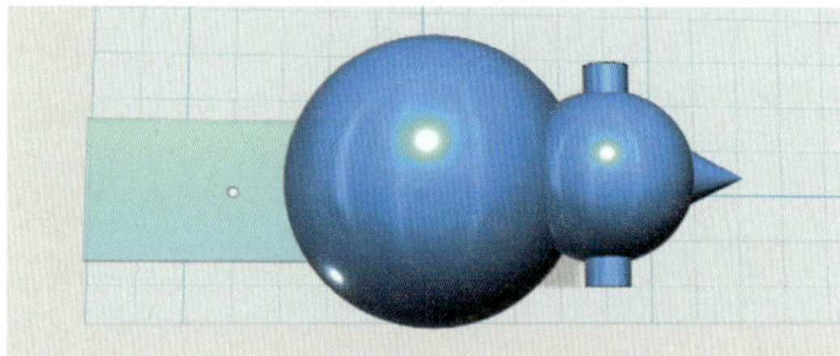

메뉴상단의 툴바에서 입방체가 다른 입방체를 가린 모양의 [조합 Combine]을 선택합니다. 세 가지 옵션 중 첫 번째 아이콘 [합치기 Merge]를 선택합니다.

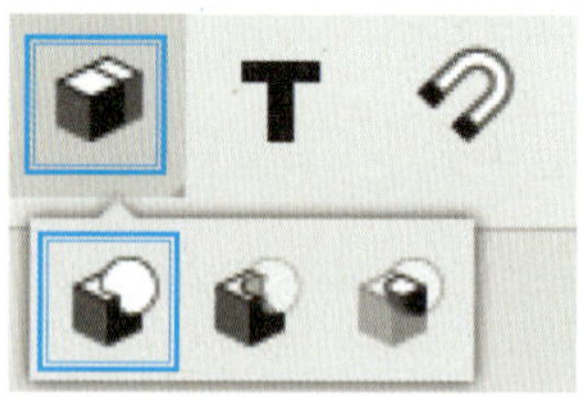

기능이 활성화되면 새의 꼬리, 몸통, 머리와 부리만을 선택한 후 엔터키를 누릅니다. 이제 네 개의 조각이 하나의 솔리드가 되었습니다.

다시 [조합 Combine] 도구를 이용해서 두 번째 아이콘인 [빼기 Subtract]를 적용합니다. 앞서 생성한 새 몸통을 먼저 선택한 후에, 새 눈을 만들기 위해 빼고자하는 대상인 새 원기둥을 순서대로 선택합니다.

남은 것은 새의 목과 꼬리의 곡면을 만들어 봅니다.

먼저 [수정 Modify]에서 모서리가 둥근 입방체 모양의 [필릿 Fillet] 기능을 사용합니다. 단축키 E를 사용해도 됩니다.

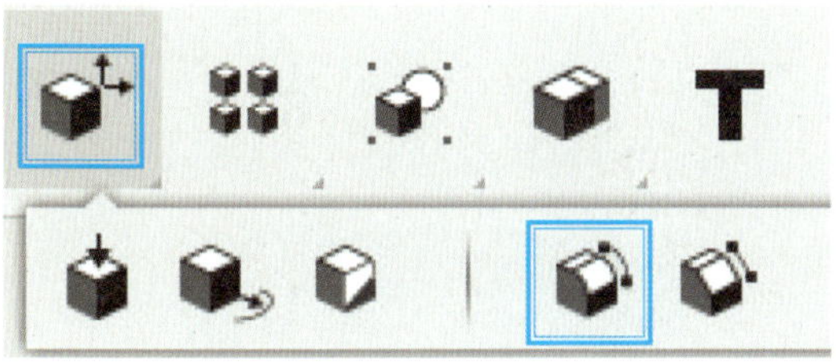

머리와 몸통 사이의 링을 선택해서 반경 10 mm를 적용합니다. [탄젠트 체인 Tangent chain] 옵션은 계속 OFF 상태를 유지합니다. 이제 새에 목이 생겼습니다.

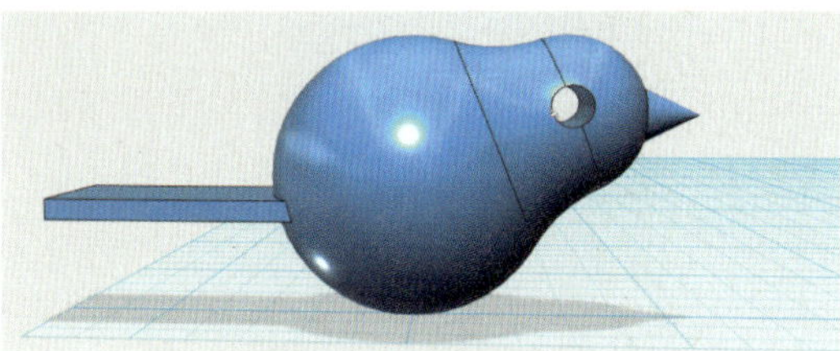

탑 뷰로 전환해서, 꼬리와 몸통이 만나는 양측의 작은 모서리를 선택, 다시 [필릿 Fillet]을 적용합니다. 필릿 반경은 30 mm를 설정합니다.

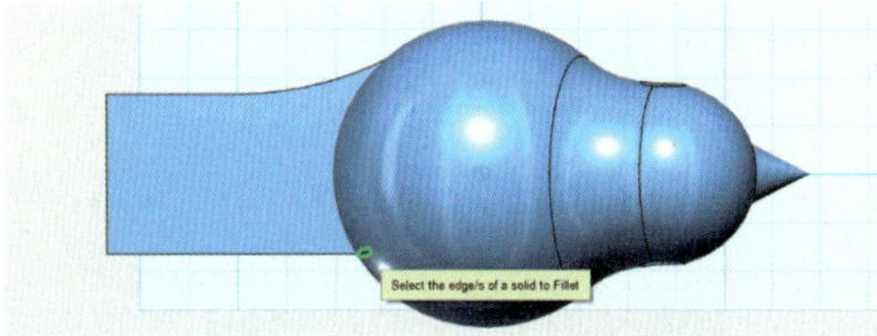

꼬리 위아래의 반원형 모서리에 필릿을 마지막으로 한 번 더 적용합니다. 필릿 값은 5로 설정합니다.

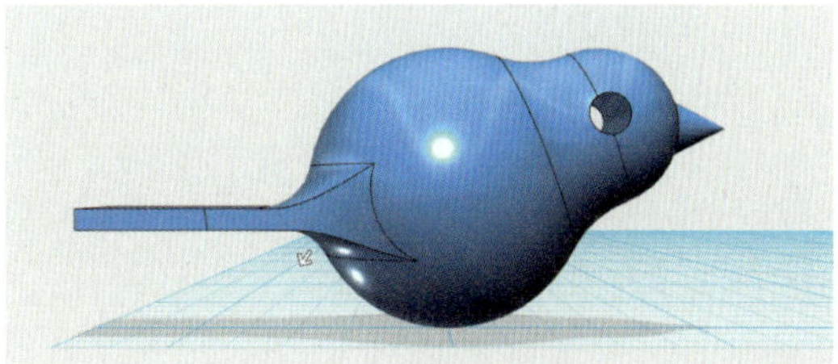

새의 모델이 완성되었습니다. 남은 것은 새가 매달릴 수 있는 구조를 생성해 주는 것입니다. "조셉을 위한 모빌"의 경우 새는 직경 15 mm의 맞춤목에 고정됩니다. 눈을 만들어 줄 때 사용했던 방법을 반복하면 됩니다. 상상력을 발휘해서 컴퓨터 상단이나 연필 끝과 같은 다른 곳에 매달릴 수 있게 만들어 보십시오. 컴퓨터나 123D 계정에 이 새로운 친구를 저장하되, 3D 프린트를 위해 STL 파일로 내보내기하는 것도 잊지 마세요!

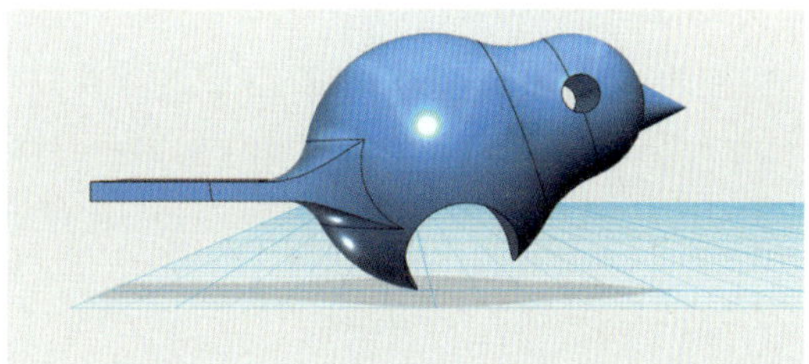

3D 프린터의 슬라이싱 소프트웨어에서 새를 출력하는 요령은 꼬리 쪽을 먼저 출력해서 별도의 서포터가 필요 없도록 해 주는 것입니다. 형태의 특성상 내부가 비었으므로 "안을 채우기(infill)" 0%에서도 만들어

질 수 있습니다. 그러나 출력되는 동안 새가 안정적이도록 라프트 기능[5]을 사용하시기 바랍니다. 그렇지 않으면 새가 다 만들어지기도 전에 떨어져 버릴 것입니다.

새의 부리 등 디테일의 해상도를 높이려면 트레이에 여러 개를 한꺼번에 프린트하는 것을 권장합니다. 이렇게 하면 용융 플라스틱 층층이 적당히 냉각되어 안정화될 수 있습니다.

5. 역자 주) 라프트(Raft)란 출력물이 출력베드에 좀 더 잘 붙게 하기 위하여, 필라멘트 등의 원료를 이용하여 몇 개의 층을 추가로 만드는 것을 뜻합니다. 보통 1~2개의 층으로 설정합니다.

기본도형을 적용한 다른 응용 사례

이번에는 모빌의 구름을 생성해 봅시다.

기본도형으로 직경이 서로 다른 세 개의 구를 생성합니다(예: 20, 30, 40 mm).

여러 개를 복사하여 붙여넣기하여 임의로 배치한 5개의 큰 구로 클러스터로 만듭니다. 구 사이에 틈이 없는지 확인합니다.

중간 크기의 구를 5개 만들어서 붙입니다. 필요하면 더 작은 크기의 구를 추가합니다.

[조합 Combine]-[합치기 Merge] 기능을 사용해서 모든 구를 하나의 솔리드 형태로 합칩니다.

구름의 길이와 폭보다 더 큰 박스를 생성합니다. 박스가 구름의 하단부와 겹치도록 배치합니다.

[조합 Combine]-[빼기 Subtract] 기능을 사용해서 구름으로부터 박스만큼을 제거합니다. 모델을 좀 더 부드럽게 하기 위해 필릿 기능을 사용해서 구름 하단부의 경계를 둥글게 합니다. 필요시 모빌에서 매달아 놓을 구멍도 추가할 수 있습니다.

만족할 만한 구름 모양이 나오면 메인 메뉴의 [3D 프린트 3D Print] 기능을 사용하여 프린터기기로 파일을 보냅니다. 파일은 Meshmixer에서 열어 출력방향만 설정하면 끝납니다.

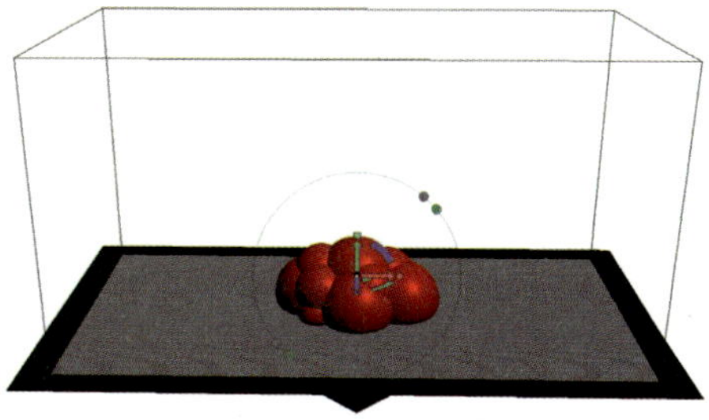

123D Design 스케치 기능으로 모델링

모델링에 따라 기본도형을 사용하는 것이 매우 편리할 때도 있지만, 돌출, 회전, 빼기 기능을 적용할 수 있는 스케치기반 모델링이 적합한 경우도 많이 있습니다.

간단한 예제로 구름을 나무기둥에 고정할 때 사용되는 밴드를 만들어 보겠습니다.

먼저 [원 스케치 Sketch Circle]로 원점을 중심으로 직경 12 mm의 원을 그립니다.

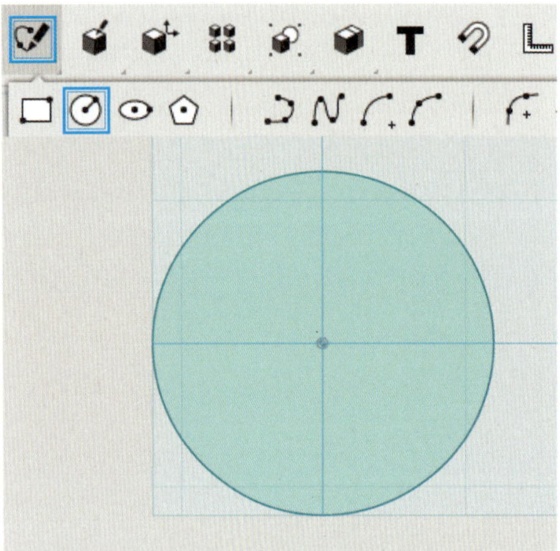

다음 [폴리라인 Polyline] 도구를 사용해서 원의 중심으로부터 5 mm 떨어져 있으면서 원과 5 mm 겹치는 직사각형을 생성합니다.

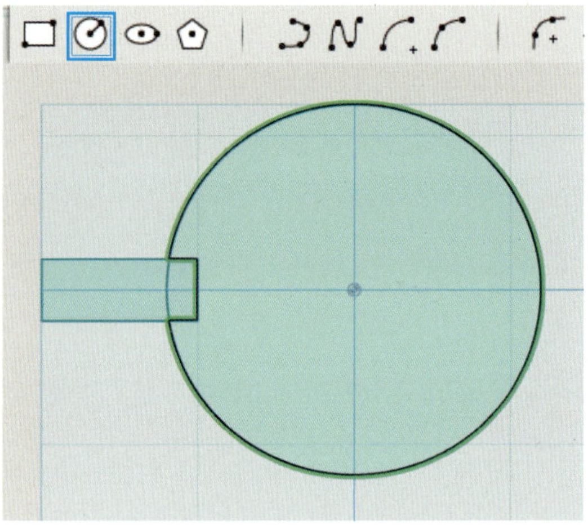

[잘라내기 Trim]를 사용해서 원 안쪽과 직사각형 왼쪽 끝의 선을 지워 줍니다.

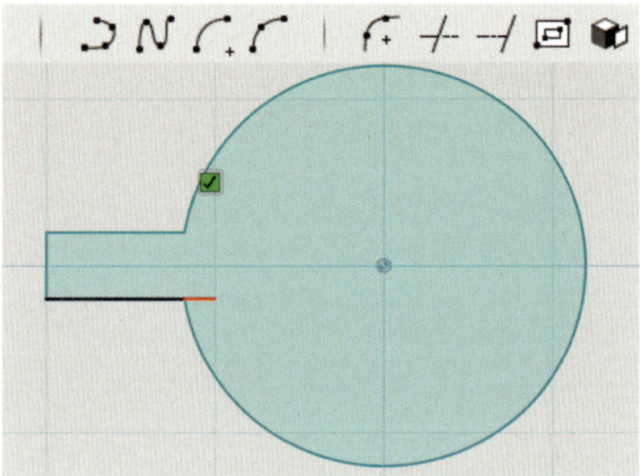

[스케치 필릿 Sketch Fillet]을 사용해서 원형과 수직 구간 사이에 반경 1 mm 원으로 곡선을 생성합니다. 외곽선에 [오프셋 Offset] 도구를 적용해서 폭 0.8 mm의 간격을 생성합니다.

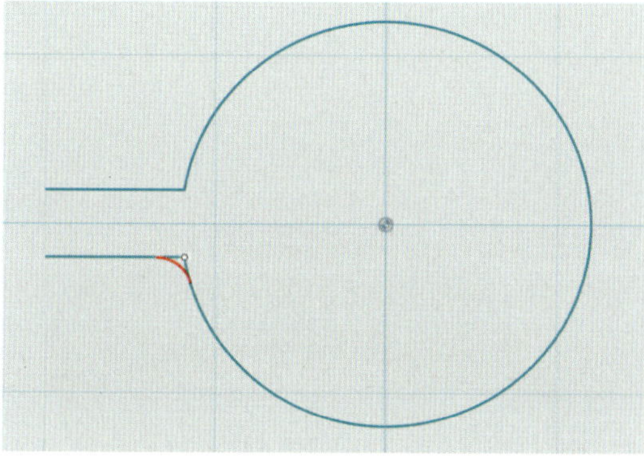

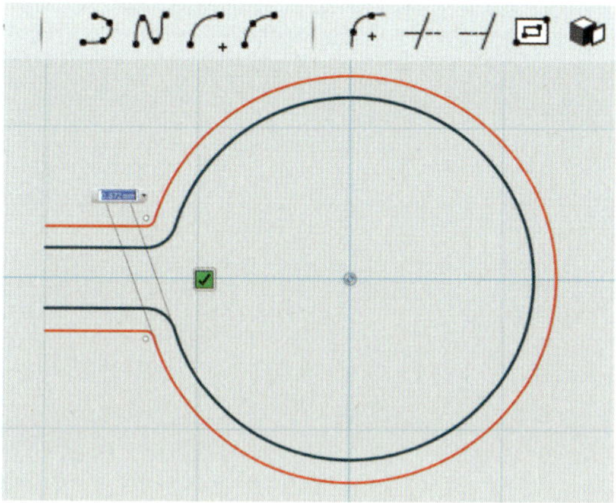

스케치를 완전히 닫힌 형태로 만들기 위해 [폴리라인 Polyline]을 생성합니다. 해당 영역이 자동으로 밝은 푸른색으로 채워집니다.

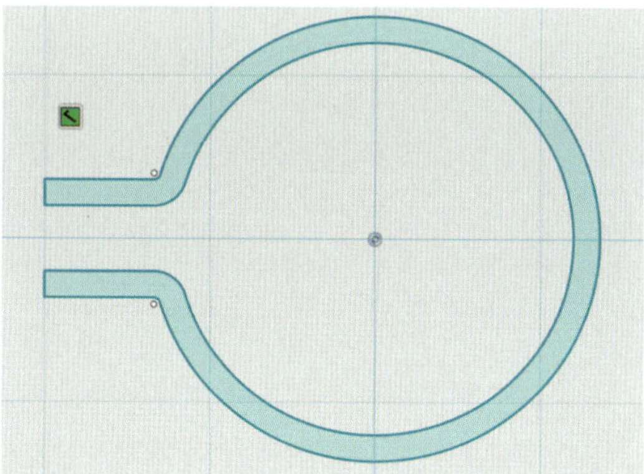

[구성 Construct]-[돌출 Extrude] 기능으로 5 mm 만큼 면을 체적시킵니다.

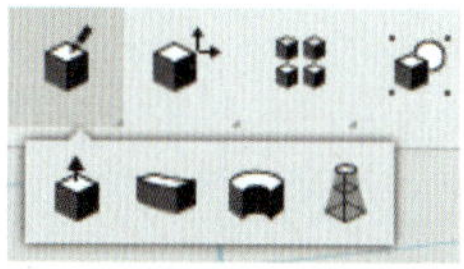

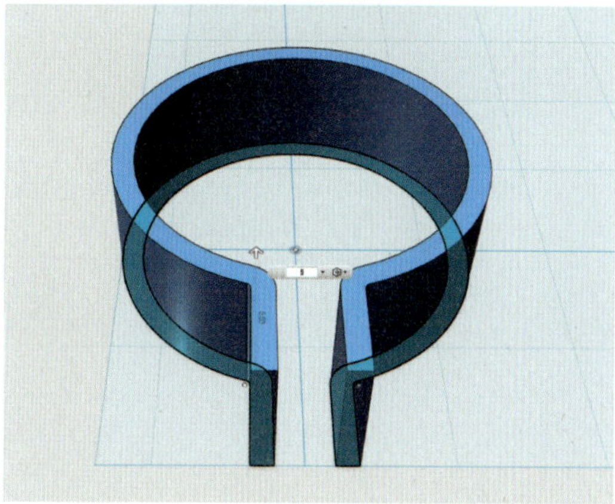

작업 공간을 오른쪽 보기(Right view)로 놓고 [원 스케치 Sketch Circle]을 이용해서 평면부분 중앙에 원을 생성합니다. 스케치 평면도를 보기 위해서는 평평한 면을 선택해줘야 합니다. [폴리라인 Polyline]을 사용해서 직사각형의 중심을 찾고, 원의 직경은 1.5 mm로 설정합니다.

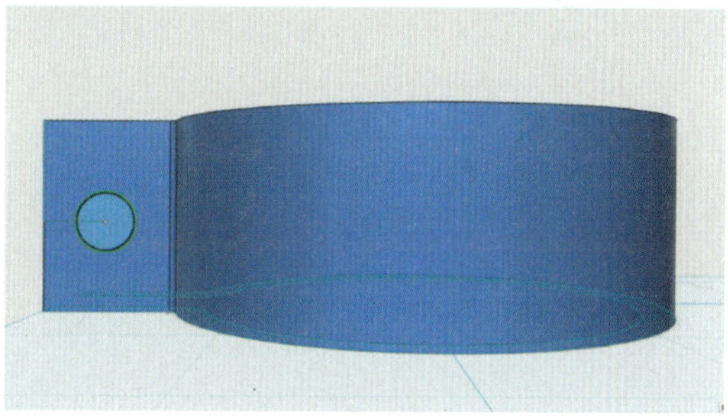

[수정 Modify] -[눌러 잡아당기기 Press Pull] 기능을 사용해서 해당 부위를 관통하는 구멍을 냅니다. 단축키는 P를 사용할 수도 있습니다. 소재가 제거된다는 표시로 붉은색의 원통이 나타납니다.

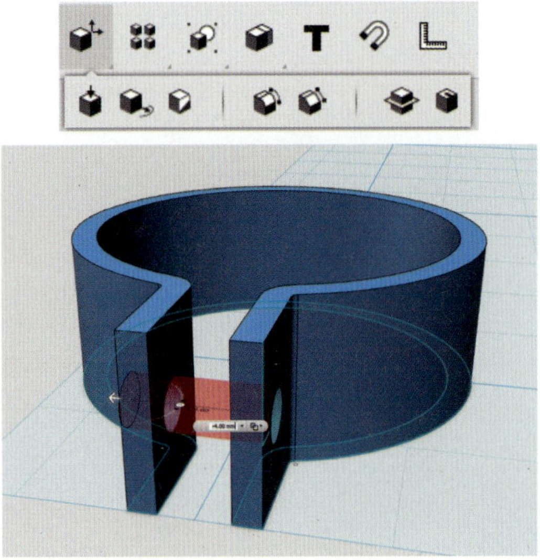

이제 123D Design에서 도면으로부터 복잡한 부품을 완성하였습니다!

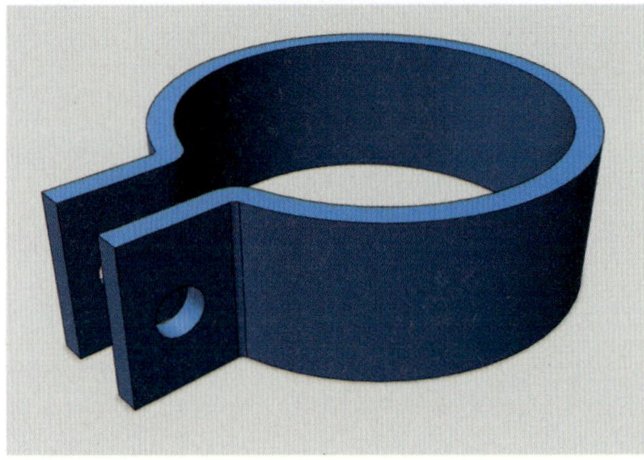

TIP 플렉시블 파트 만들기

플렉시블 파트

필라플렉스(Filaflex)나 닌자플렉스(NinjaFlex) 등의 특수한 필라멘트를 사용해서 고무 질감의 유연성 있는 개체를 생성할 수 있습니다. 이 외에도 내부가 비어 있거나 벽면 두께를 얇게 하는 등의 디자인 테크닉을 통해서도 유연성을 구현할 수 있습니다.

아래에 링크된 PLA 팔찌는 개방된 윤곽선과 최소한의 두께 사용 등 간단한 디자인 방식으로 플렉시블한 형태를 만든 사례입니다.

www.thingiverse.com/thing:445476

망원경 부품

3D 프린터를 이용하면 마트료시카와 같은 구조를 쉽게 만들 수 있습니다. 91쪽의 브리지 실습이 좋은 예제입니다. 단일 파일에 살짝 원추형으로 생긴 부위를 중첩하는 것으로 망원경 운동이 가능한 조립식 구조를 얻을 수 있습니다!

다음 링크파일로 연습해 보세요.

www.thingiverse.com/thing:445481

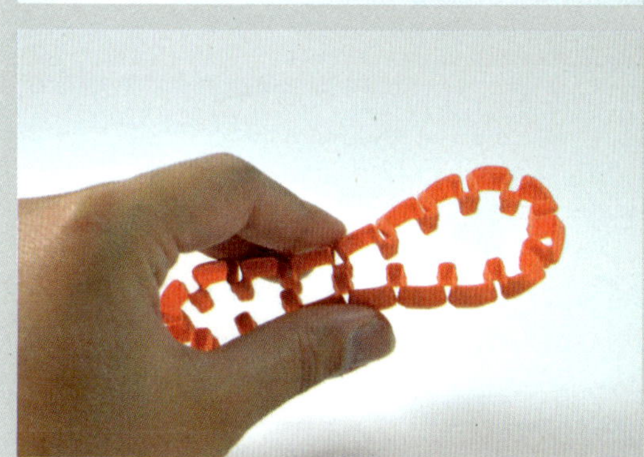

© Le FabShop

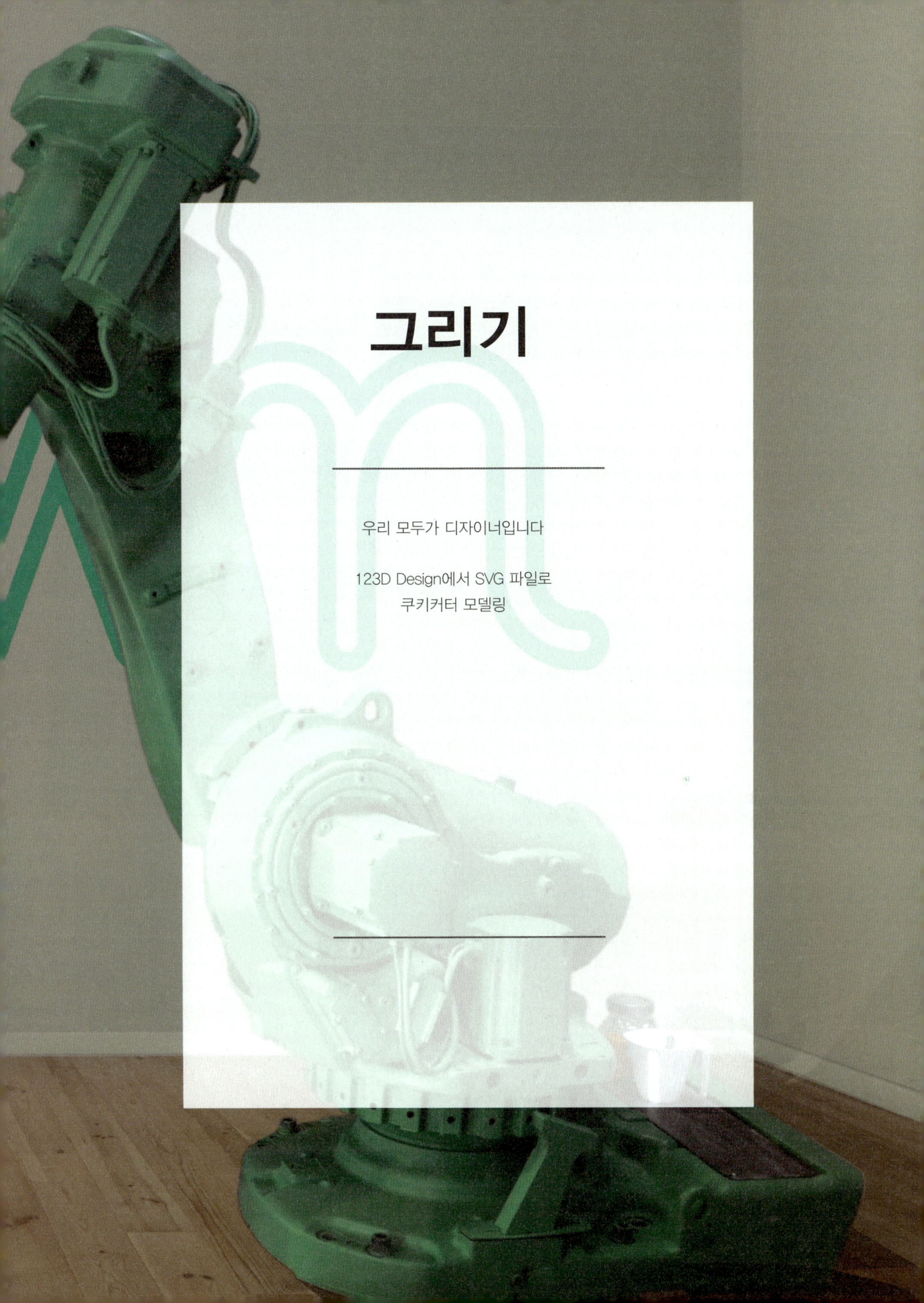

그리기

우리 모두가 디자이너입니다

123D Design에서 SVG 파일로
쿠키커터 모델링

우리 모두가 디자이너입니다

디지털 제조의 확산으로 많은 사람들이 자신들의 아이디어의 시제품을 제작할 수 있게 되었습니다. 자신이 그린 도면이 종이로부터 튀어나와 형태를 갖추는 것을 보는 상상을 해 보지 않은 어린이가 있을까요? 적층(layer-by-layer) 공정은 2D 도면을 쌓아 올려 겹쳐놓는 것에 불과하며, 모델링에 숙련되지 않았더라도 도면에 깊이를 줌으로써 튀어나오게 만들어서 3차원 형상을 디자인할 수 있습니다.

우리의 어린 시절 꿈은 드론(Drawn)이라는 프로젝트에서 갈라테아(Galatea)라는 거대한 홈메이드 3D 프린터를 이용해 이제 현실이 되었습니다. 갈라테아는 사람의 개입을 최소화한 상태에서 두 시간 만에 실제로 사용할 수 있는 의자를 생성할 수 있습니다. 사실 갈라테아는 자동차 산업에서 조립 로봇으로 사용되던 기계가 용도 변경된 것입니다. 이때 갈라테아의 끝에 달려 있는 연장은 플라스틱 사출기로 대체되어 대형 핫플레이트 위에 두꺼운 ABS 레이어를 깔아놓을 수 있습니다.

2015년 이 회사는 가구 컬렉션을 런칭하기 위한 킥스타터(Kick Starter) 캠페인을 완료했습니다. 다양한 국가에 소비자들이 자신들만의 오브제를 디자인하고 가장 가까운 곳에 위치한 갈라테아를 이용해 이를 생산할 수 있게 하는 것이었습니다. 의자 형태의 어떤 스케치라도 최소한의 노력만으로 사용할 수 있는 가구로 변신할 수 있었습니다. 갈라테아 머신은 개방형 구조의 생산에 좀 더 적합한데, 이것은 대량의 용융 플라스틱이 수축이나 냉각 문제를 야기할 수 있기 때문입니다. 때문에 드론 프로젝트의 디자인 대부분은 돌출된 실루엣 형태를 띠고 있으며, 이는 빠르고 소재 절약적인 3D 프린터에 딱 들어맞습니다.

이전 페이지
갈라테아(Galatea) 3D 프린터
제작: 드로운(Drawn)
출처: http://drawn.fr/
© Drawn

왼쪽 페이지
C2 원형 의자
제작: 드론(Drawn)
3D 프린터: 갈라테아
출처: http://drawn.fr/
© Drawn

오른쪽 페이지
어린이용 흔들의자
제작: 드론(Drawn)
3D 프린터: 갈라테아
출처: http://drawn.fr/
© Drawn

123D Design에서 SVG 파일로 쿠키커터 모델링

SVG 파일은 벡터 포맷으로 Adobe Illustrator나 공개 소프트웨어인 Inkscape 등으로 생성할 수 있습니다. 이번 예제는 SVG 파일로 콧수염모양의 쿠키커터를 만들어 보겠습니다. 파일은 thingiverse.com에서(http://www.thingiverse.com/ thing:311668) MustascheLine_SVG.svg를 다운받으면 됩니다.

다른 아이디어가 있다면, Illustrator나 Inkscape에서 디자인하여 그리세요. 로고, 아이콘, 도면 등 수천 가지의 무료 벡터 파일이 있습니다. 외곽선 하나로 충분하지만, 스케일은 염두에 두어야 합니다. 밀리미터 단위의 문서로 작업해서 쿠키의 크기에 맞는 쿠키커터를 디자인하면 됩니다. 콧수염 도면의 경우 길이 70 mm로 약 2.75인치 정도입니다.

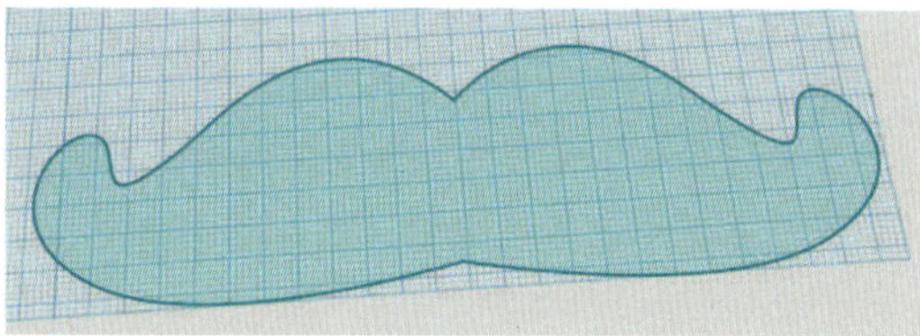

123D Design에서 SVG 파일을 여십시오. 드롭다운 메뉴를 클릭해서 [SVG 임포트 Import SVG]-[스케치 As Sketch]를 선택합니다. 다음 2D 스케치를 3차원 개체로 만드는 작업을 합니다. [구성 Construct]-[돌출 Extrude]를 선택하고 스케치의 외곽선에 선택합니다. 높이가 쿠키커터의 깊이를 결정하는데, 8 mm면 충분합니다.

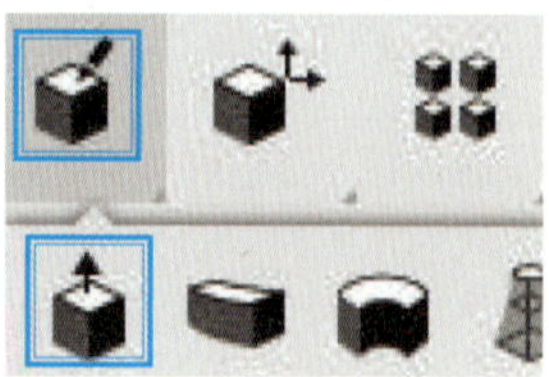

다음으로 새로운 도구인 [수정 Modify]-[셸 Shell]을 선택합니다.

다음 모델의 맨 윗면을 선택하면 외곽선에 따라 면이 형성되며, 흰색 화살표를 잡아당기거나 화면 하단의 회색 박스를 이용해서 두께를 설정할 수 있습니다.

이 경우, 셸의 두께는 대부분의 FDM/FFF 프린터의 노즐 직경을 감안했을 때 레이어 2층에 해당되는 0.8 mm가 되어야 합니다. 셸은 충분히 얇아서 반죽을 쉽게 자를 수 있어야 하며, 스케치 바깥쪽으로 생성해서 원래의 비율을 유지하도록 합니다.

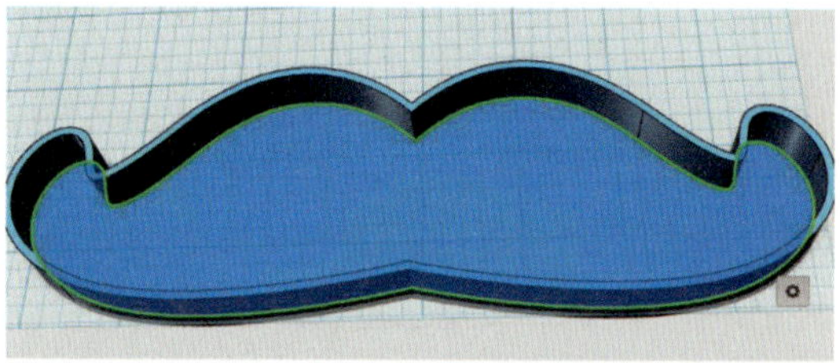

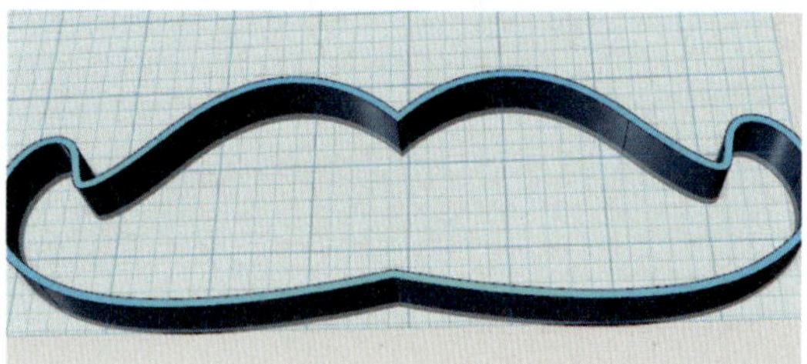

셸바닥에 형성된 면을 제거하기 위하여, 불러들인 스케치를 다시 선택하고, [구성 Construct]-[돌출 Extrude] 도구를 이용해서 흰색 화살표를 해당 구간이 빨간색이 될 때까지 바닥면을 통과하듯이 잡아당겨 줍니다.

스케치 베이스를 지우지 않습니다. 쿠키커터의 형태를 유지하도록 작은 보강재로 만들 때 필요합니다. 만

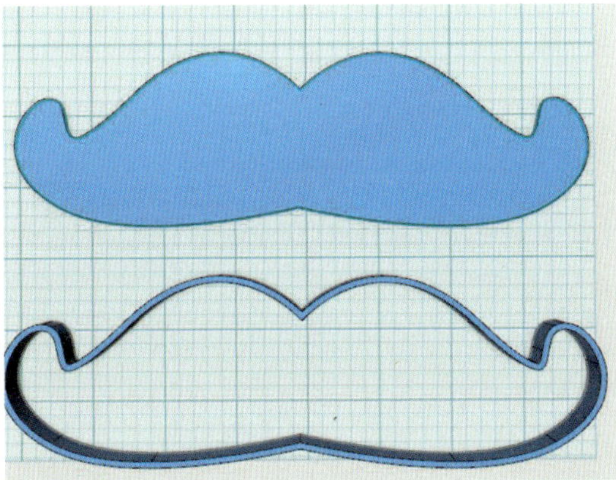

들어진 3차원 모델은 나중에 사용하기 위해 한 쪽으로 이동시켜 놓습니다.

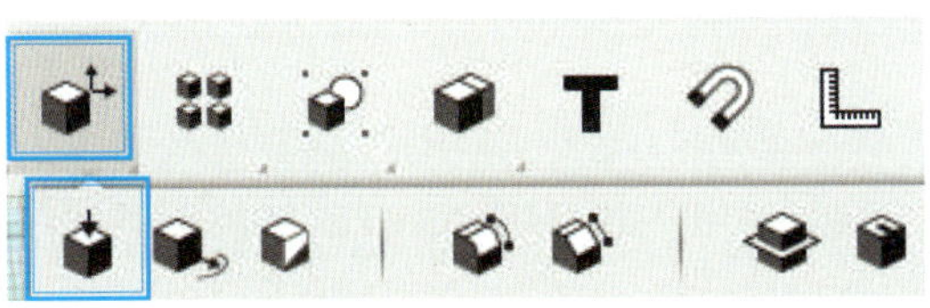

스케치 베이스를 선택해서 두께 1 mm짜리 새롭게 돌출된 솔리드를 만듭니다. 셸 기능을 선택하여 2 mm로 바깥방향의 두꺼운 테두리를 만듭니다. 첫 번째 오브제와 같이 돌출기능으로 내부를 빼냅니다.

이제 [스냅 Snap] 도구를 사용하여 두 개의 파트를 합치겠습니다.

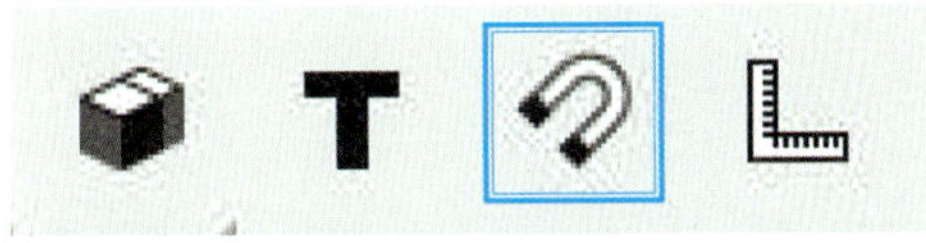

테두리의의 맨 위쪽 면을 선택하고 셸의 얇은 내측을 선택하면 먼저 선택한 파트가 두 번째로 선택한 파트에 잡아당겨지듯이 서로 완벽하게 중첩될 것입니다. 다음 [구성 Construct]-[합치기 Merge]를 사용해서 두 개의 파트를 하나의 솔리드로 저장합니다. 마지막으로 완성된 쿠키커터를 STL 파일로 내보내거나 이를 Meshmixer로 보낼 수 있습니다.

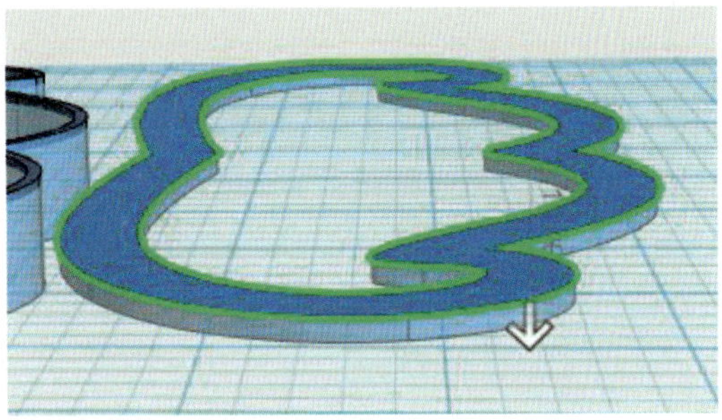

FDM/FFF 3D 프린터가 (FDA가 승인한) 식품안전 필라멘트로 채워져 있는지 확인하세요. 한 시간 안에 여러분이 디자인한 커터로 쿠키를 만들 수 있습니다. 이제 오븐을 예열해 볼까요?

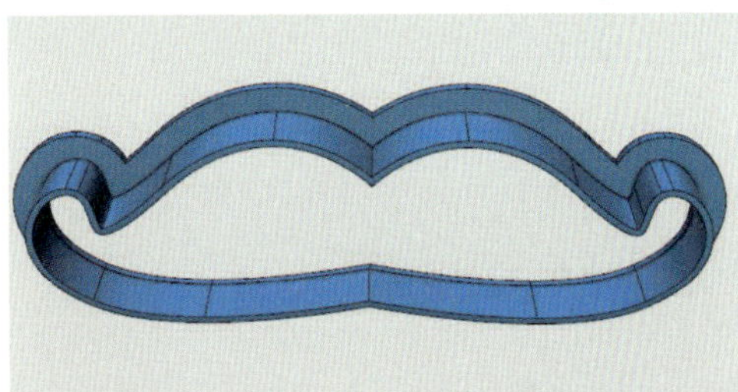

조립 오브제

조립형 완구

123D Design을 이용한 수직 피벗 생성

브리지 생성

조립형 완구

적층 가공(additive manufacturing)의 가장 중요한 장점은 기계에서 만들어지자마자 이미 조립이 완료되어 있으며 움직일 수 있는 개체를 생산할 수 있다는 것입니다.

전통적으로 사출성형 플라스틱 개체는 균일 벽두께, 각도, 허용공차 등의 매우 엄격한 기준을 따라 만들어졌습니다. 반면 3D 프린터는 연속 적층법으로 인해 표면 품질에 영향을 미치지 않고서도 다양한 두께를 생성할 수 있게 되었습니다. 금형을 만들 필요가 없으므로, 완성된 개체를 금형에서 좀 더 쉽게 띄어내기 위한 드래프트 각(draft angle)을 생성할 필요 역시 없어졌습니다. 공차에 대한 고려는 여전히 필요하지만, 어떤 경우에는 어셈블리의 다른 부품들이 한꺼번에 생산 및 결합될 수도 있습니다.

이 장에서 소개된 코끼리, 로봇, 그리고 자동차는 MakerBot Replicator를 사용해서 서포터를 전혀 사용하지 않고 만들어졌습니다. 코끼리의 다리, 머리, 코는 자동차의 바퀴나 로봇의 관절과 마찬가지로 프린터에서 나오자마자 움직일 수 있습니다. 이러한 개체는 전통적인 산업 공정에서 한 번에 만들어질 수 없는 것입니다.

다음의 실습을 통해 피벗 축이나 브리지를 생성함으로써 FDM/FFF 프린터에서 가동 부품을 생성하는 방법을 알려 드리고자 합니다. 이러한 팁들은 Makey the robot과 같이 좀 더 복잡한 다관절 개체를 제작할 수 있게 도와줄 것입니다.

이전 페이지
코끼리 완구
제작: 사무엘 N. 베르니에
3D 프린터: 레플리케이터 2
출처: Thingiverse
Thing: 257911
© Thomas Thibault

왼쪽 페이지
메이키 로봇
제작: 사무엘 N. 베르니에
3D 프린터: 레플리케이터 2
출처: Thingiverse
Thing: 331035
© le FabShop

오른쪽 페이지
팹샵 자동차
제작: 사무엘 N. 베르니에
3D 프린터: 레플리케이터 2
출처: Thingiverse
Thing: 359008
© Tatiana Reinhard

123D Design을 이용한 수직 피벗 생성

새로운 123D Design 프로젝트를 생성합니다. 기본 도형 만들기 기능을 사용해서 박스를 만들고, 시작점에서 좌하단 구석에 이동시킵니다.

[스케치 Sketch]-[폴리라인 Polyline]으로 박스 정면에 다음 치수에 맞게 그립니다.

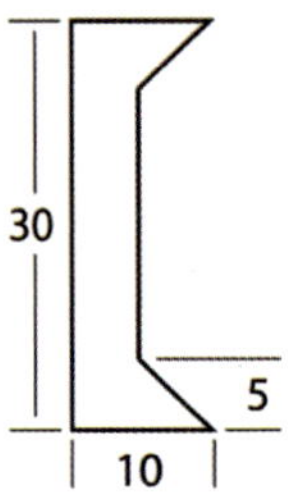

[스케치 Sketch]-[오프셋 Offset]으로 위에서 그린 스케치에 _0.5 오프셋을 주고, 기존의 박스는 지웁니다.

이제 오프셋된 외곽선을 기준으로 스케치 기능을 이용하여 두 번째 파트(다음 이미지에서 밝은 파란색부분)를 만들어 보겠습니다. 화면 하단부의 [스냅 Snap]과 그리드를 잘 활용하여 두 번째 파트 왼쪽 선이 기존 스케치와 나란히 맞도록 합니다. 스케치가 완성되었다면, [스케치 Sketch]-[트림 Trim] 기능으로 불필요한 선을 제거하십시오.

다음으로 두 번째 파트 내에 포함되는 폭 1 mm의 직사각형을 생성합니다.

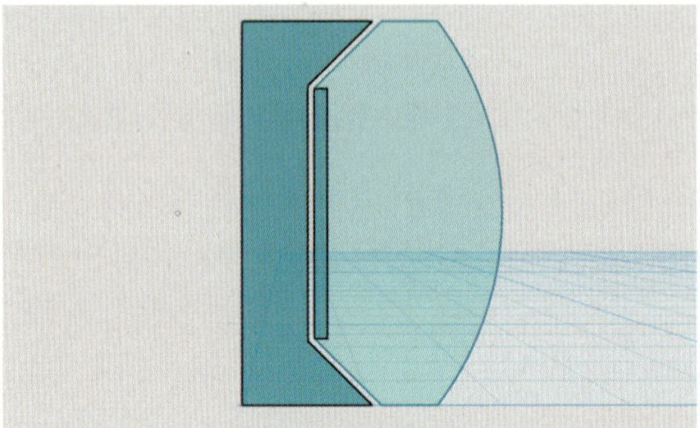

[구성 Construct]-[회전 Revolve] 기능을 사용해 보겠습니다. 먼저 첫 번째 만든 파트와 새로 그려 넣은 직사각형을 선택한 후에, 회전축이 될 두 번째 파트 스케치 왼쪽 모서리 전체를 선택합니다.

이제 회전축을 기준으로 360도 회전한 형상을 확인할 수 있습니다.

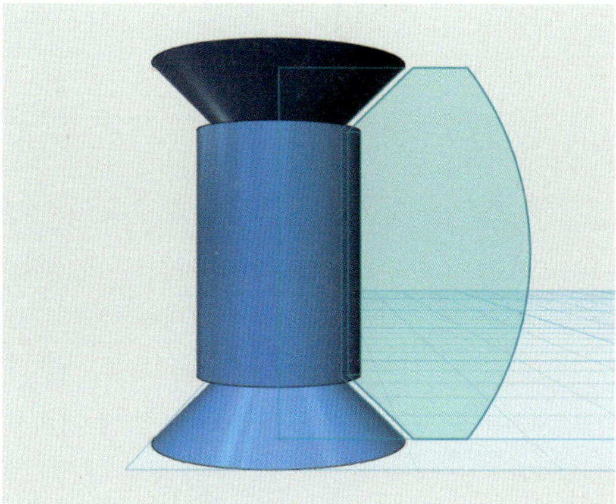

출력 후에 두 부품이 서로 맞닿아 움직이게 하기 위해서는 최소한 0.5 mm 틈이 필요합니다. 두 번째 생성한 파트를 [구성 Construct]-[돌출 Extrude] 기능을 사용하여 양쪽을 각각 1 mm씩(총 2 mm) 돌출시킵니다.

축을 기준으로 돌출된 모양을 1 mm 움직여야 할 수도 있습니다.

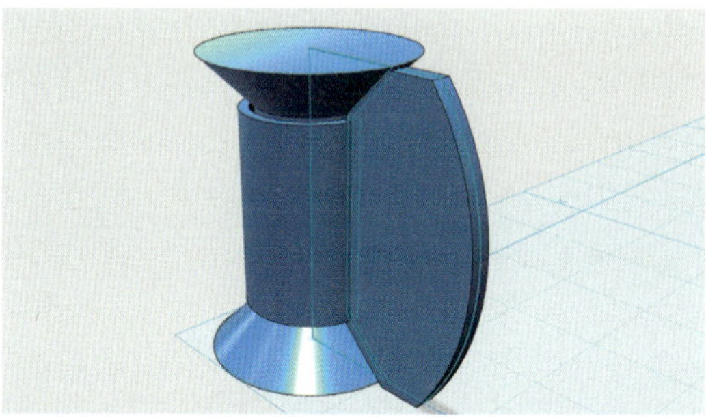

다음, [패턴 Pattern]-[원형패턴 Circular Pattern]을 선택합니다.

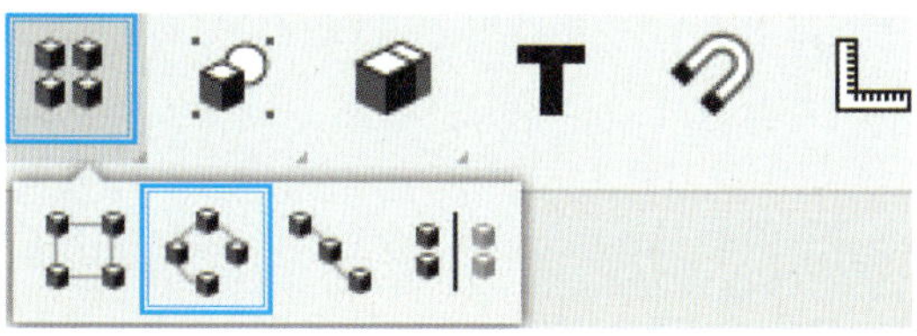

위에서 돌출시킨 모양의 솔리드 형태를 선택하고, 중앙부의 원형 외곽을 "축"으로 선택합니다. 원형 패턴 기능에 값 12를 입력합니다. 이제 팬 블레이드가 12개로 늘어날 것입니다.

[조합 Combine]-[합치기 Merge] 기능을 이용해서 12개의 팬 블레이드를 가로지르는 원기둥에 합칩니다.

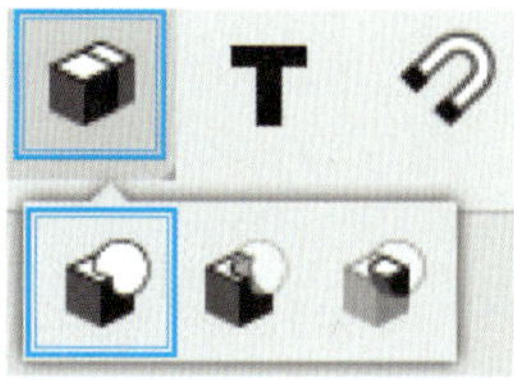

[수정 Modify]-[셸 Shell] 기능을 이용해 축의 윗부분을 선택해서 속이 빈 형태를 다음과 같이 만듭니다.

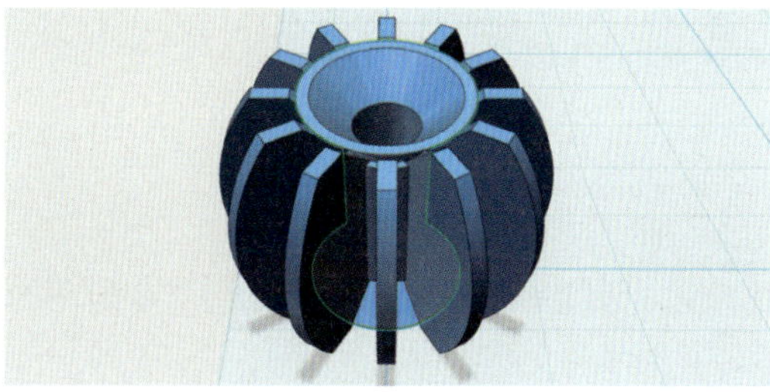

셸 두께는 0.8 mm로 설정하고, 중앙축의 하단부분은 2 mm 어슷면(chamfer: 단축키 C)을 넣어 줍니다. 이렇게 하면 FDM/FFF 프린트하는 경우, 용융 플라스틱의 첫 번째 층이 퍼지지 않고 두 개의 부품이 병합될 수 있습니다.

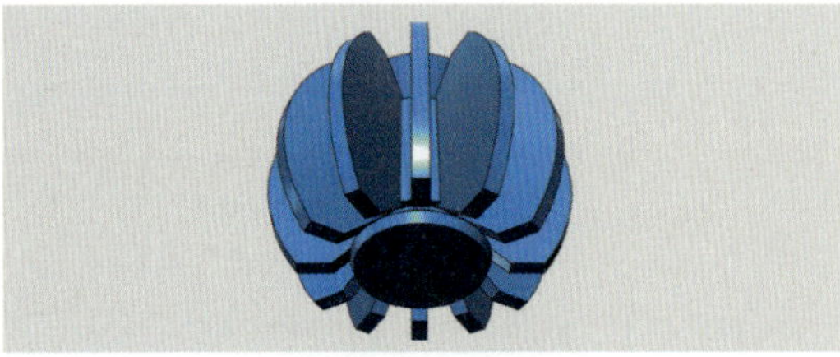

이제 완성되었습니다. 부품 간 각도와 간격은 별도의 지지대 없이 단일 소재 필라멘트로 프린트하도록 설계된 것임에 유의하십시오. 닫힌 부분이 아래로 가도록 팬을 3D 프린터합니다. 출력 중 안정화를 위해 라프트 기능을 설정하십시오. FDM/FFF 프린터가 정확히 영점조절이 되어 있다면, 출력 후에 라프트는 문제없이 제거가 가능하고, 작품은 잘 돌아갈 것입니다.

이러한 조립형 개체의 스케일은 바꾸지 않는 것이 바람직한데, 이는 스케일 조정으로 인해 부품 간 간격의 허용도가 너무 느슨해지거나 너무 빡빡해질 수 있기 때문입니다.

브리지 생성

용융 필라멘트 3D 프린터에서 피벗 어셈블리는 수직 축에 국한되지 않습니다. 힌지와 체인 효과를 생성할 수도 있는데, 이는 지지소재 없이 두 점 사이를 수평적으로 연결할 수 있는 FDM/FFF의 능력 때문입니다. 이 기능을 "브리징(bridging)"이라고 합니다.

이 방법을 사용해서 코끼리의 다리와 머리(84쪽 참조)가 만들어질 수 있었습니다. Makey Robot의 다관절 다리 역시 마찬가지입니다.

이제 브리지의 원리를 이해할 수 있도록, 당신을 브리지 전문가로 만들어 줄 간단한 모형을 실습해 보도록 하겠습니다.

먼저 123D Design에서 작업 영역의 그리드를 따라 폭 50 mm의 첫 번째 정사각형을 그립니다. 두 번째 정사각형은 첫 번째 정사각형에서 5 mm 오프셋하여 생성합니다.

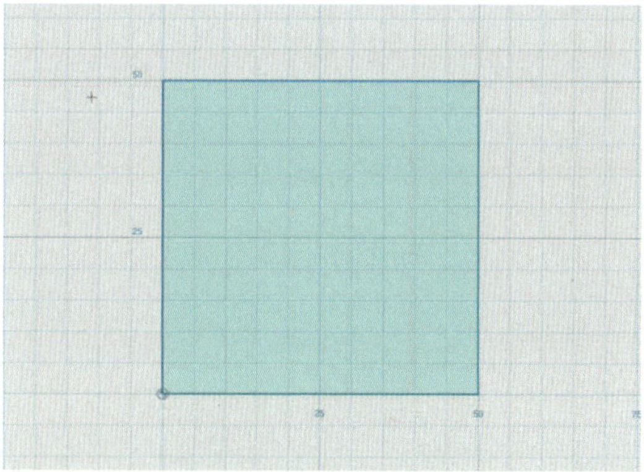

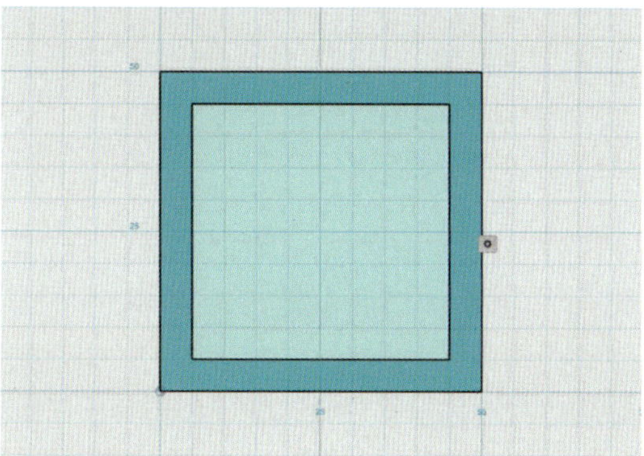

[돌출 Extrude] 기능으로 다음과 같이 50 mm 높이를 부여합니다.

[사각형 스케치 Sketch Rectangle] 기능을 다시 사용해서 속이 빈 정방형의 정면 중앙에 폭 40 mm의 정사각형을 그려 넣습니다.

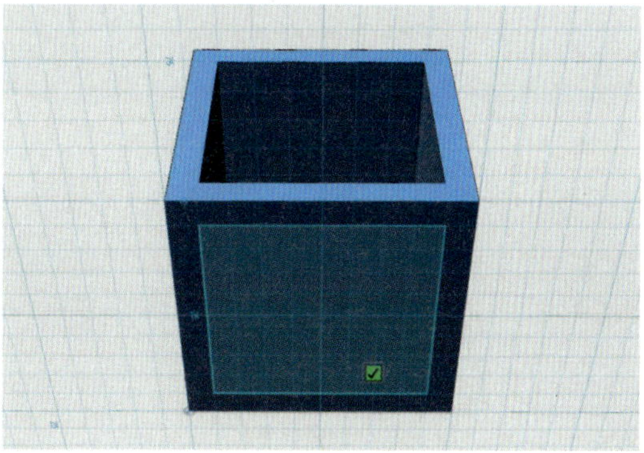

[돌출 Extrude] 기능으로 새로운 외곽선을 선택하고, 음(−)의 오프셋을 선택해서, 개체 내부의 소재를 꺼내 줍니다.

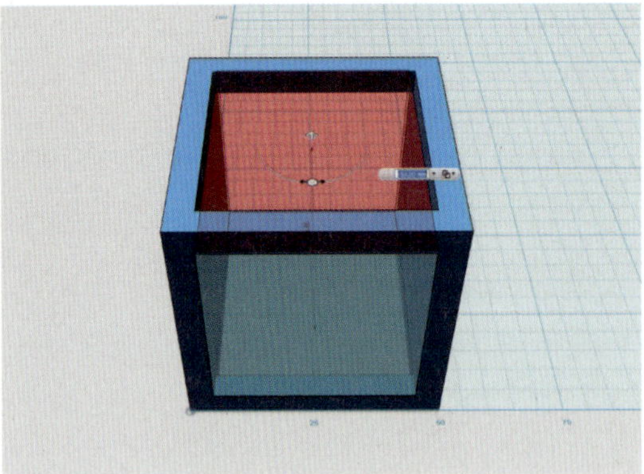

앞의 두 단계를 측면 뷰에 대해서 반복합니다. 입방체의 모서리만 남게 됩니다.

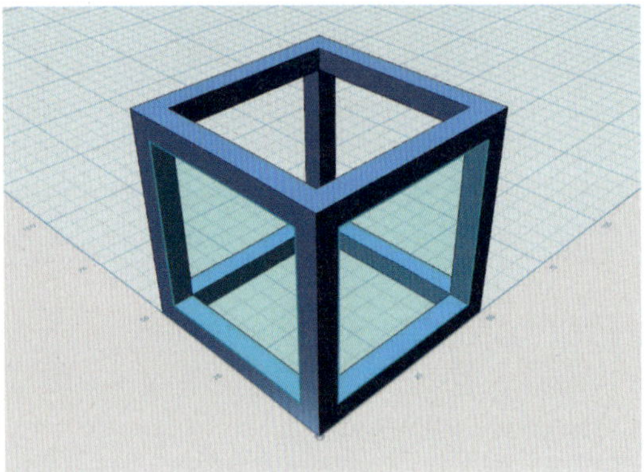

입방체의 내측 모서리마다 둥근 코너를 2 mm 넣어 줍니다. 이렇게 하면 브리지의 품질이 향상될 수 있습니다.

입방체 프레임을 복사해서 75%로 축소하여 붙여 넣습니다. 이 입방체를 다시 복사해서 75% 축소하고 붙여 넣는 작업을 반복합니다. 세 개의 입방체가 서로 안에 위치하게 됩니다.

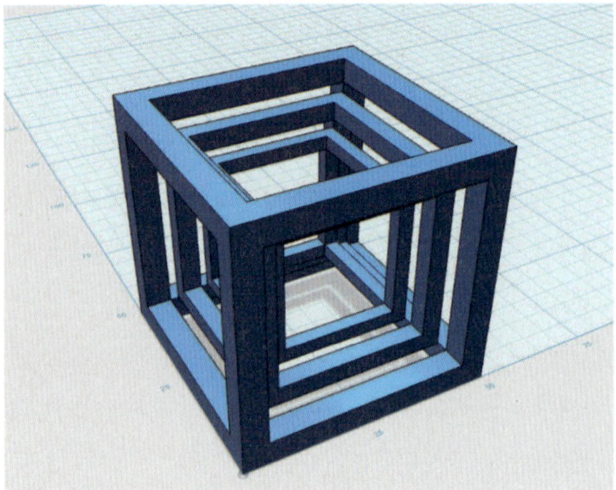

다음은 이 세 개의 입방체를 동일 면상에 놓아야 합니다. 간단히 [스냅 Snap] 기능을 이용해서 각 입방체의 바닥면을 선택해 주면 됩니다.

3D 프린터 소프트웨어에서 이 입방체를 75% 스케일로 임포트합니다. 다음 한 번 더 75% 스케일로 복사하여 붙여 넣으면, 세 개의 형체가 포개지게(nested) 됩니다. 마지막으로 입방체들이 작업 영역의 바닥에 붙어 있는지 확인하십시오.

일부 3D 프린터 소프트웨어의 경우 별도의 STL 파일로부터 생성되는 부품 중첩을 지원하지 않을 수도 있습니다. 이 경우 123D나 Meshmixer에서 직접 시도해 보십시오. 완성된 파일을 미리보고 싶으면 아래의 경로에서 파일을 다운받으면 됩니다.

http://www.thingiverse.com/thing:440375

이제 출력을 시작하고, 각각의 입방체가 어떻게 인쇄되는지 살펴보십시오. 일부 필라멘트가 공중에 떠 있을 수도 있지만, 일반적으로 각각의 입방체 외곽선은 제대로 생성되어야 합니다.

디자인 소품

진화하는 디자인

파라메트릭 응용프로그램들

Shapeshifter에서 복잡한 형태 만들기:
펜던트조명

Shapeshifter의 다양한 기능소개

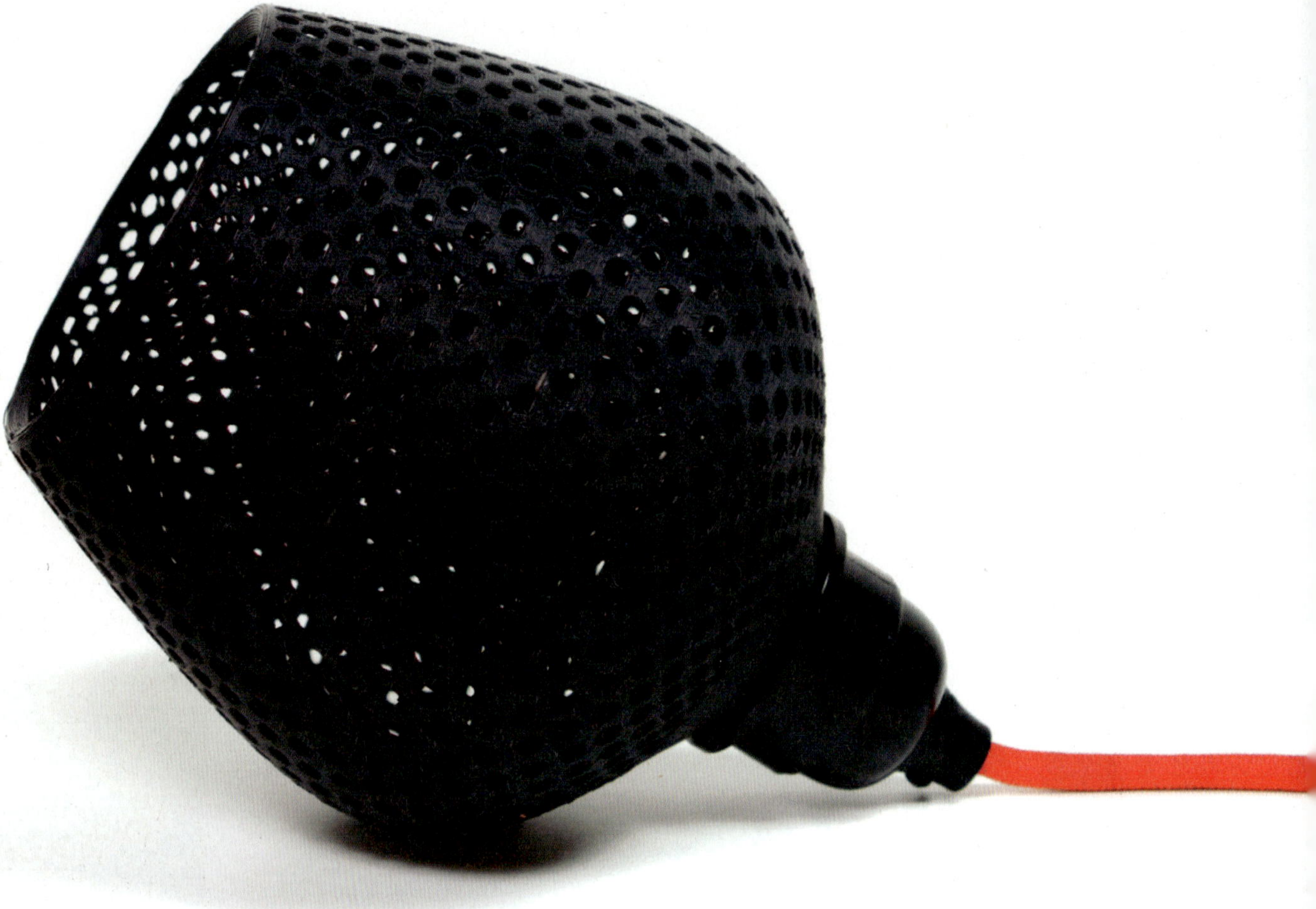

진화하는 디자인

그림에 보이는 레이스 세공 전등 작품은 3D 프린터로 만드는 화려한 유연성 있는 형태를 보여주고 있습니다. 직경 14 cm 미만의 이 작은 ABS 전등은 1세대 UP! PP3DP 프린터로 2012년 제작되었습니다. 디자이너는 원래 거실의 이케아 전등을 고치려고 시작했는데, 3D 프린터가 만들 수 있는 다양한 형태의 가능성을 실험하면서 창조의 회오리바람에 빠져들었습니다. 전문 소프트웨어 패키지인 Solidworks로 하나씩 모델링하면서, 전등은 빠르게 다양한 색상과 질감을 만들 수 있었습니다. 그의 혁신적인 실험은 인터넷을 통해 전 세계 수백 개 블로그에서 공유되며 화제를 뿌리기에 충분하였습니다.

3D 프린터를 사용하여 바로 여러분의 거실의 많은 오브제를 재창조해 볼 수 있다는 생각이 대중들에게도 전달되고 있습니다. 오늘날 다양한 3D 파라메트릭 응용프로그램들이 제공하는 기능들을 숙지하면, 여기에서 보인 레이스 세공 전등 컬렉션과 같은 복잡한 형태를 만들기 위해서 그래픽 디자이너 혹은 산업 디자이너까지 되어야 할 필요는 없어졌습니다. 즉, 디자인은 몇 가지 설정에서 데이터를 바꿔 주는 것만으로 무한정 변형되고 커스터마이즈될 수 있게 되었습니다.

다음 페이지에서의 실습을 통해 3D 프린터를 이용한 여러분만의 전등을 만들어내기 위한 파라메트릭 응용프로그램의 사용법을 알려드리도록 하겠습니다.

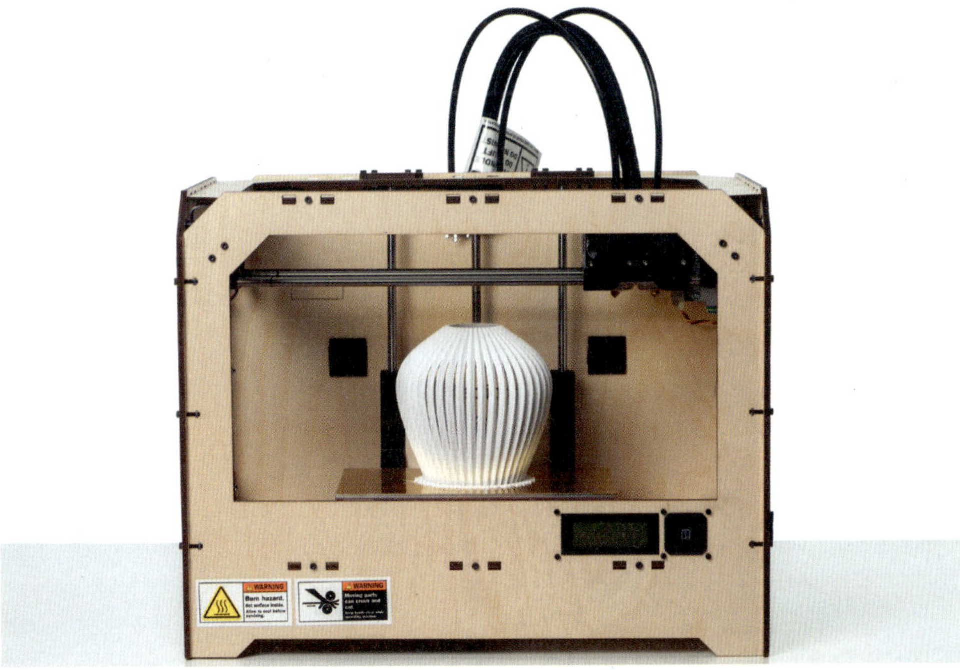

이전 페이지
레이스 세공 전등
제작: 사무엘 N. 베르니에
3D 프린터: UP!PP3DP
출처: Designer
© Véronique Huygues

왼쪽 페이지
레이스 세공 전등
제작: 사무엘 N. 베르니에
3D 프린터: 레플리케이터 2
출처: Designer
© Véronique Huygues

오른쪽 페이지
메이커봇 레플리케이터와
레이스 세공 전등
제작: 사무엘 N. 베르니에
출처: Designer
© Véronique Huygues

파라메트릭 응용프로그램들

파라메트릭 응용프로그램은 앞서 언급한 다양한 개인 맞춤형 디자인을 생성하기 위한 중요한 미래입니다. 파라메트릭 디자인 응용프로그램을 개발하기 위해서는 고도의 컴퓨터 공학 지식을 필요로 하지만, 여러분이 사용하기엔 쉽게 설계되었습니다. 이 장에서는 바로 실습해 볼 수 있는 최신 파라메트릭 응용프로그램들을 소개하겠습니다.

Nervous System의 키네마틱스 프로젝트 (Kinematics Bracelet Generator)

너브스 시스템사는 열정적인 생물학 애호가이자 건축가와 수준 높은 컴퓨터 전문가의 협업을 통해 탄생했습니다. 이들은 자연에서 영감을 얻은 형태(프랙털 등)를 자동으로 생성해 내는 몇 가지 알고리즘을 함께 개발했으며, 주얼리 컬렉션 개발 연구 등을 수행하고 있는데, 이미 3D 프린터쪽에서는 유명한 업체입니다. 너브스 시스템의 제품들은 3D 프린터로 출력될 때는 평면이지만 입체적인 형태로 잡아갈 수 있는 4D Printing 알고리즘을 제공하여 사용자가 직접 팔찌, 목걸이, 반지 등을 디자인할 수 있습니다. 웹 애플리케이션을 통해 제공되며, 사용자는 디자인된 제품은 STL 파일로 변환되어 무료로 다운받을 수 있으며, 배송을 기다릴 필요 없이 집에서 프린팅하여 사용할 수 있습니다.

http://n-e-r-v-o-u-s.com/kinematicsHome/

MakerBot Customizer

메이커봇 커스터마이저는 MakerBot Thingiverse 커뮤니티의 사용자를 위해 수정 가능한 디자인을 생성하도록 해 줍니다. 여기에는 핸드폰 케이스, 종이양각기 등이 포함되어 있습니다. 이 도구는 편집 가능한 파일의 생성에 있어서 오픈 SCAD를 사용해야 하기 때문에, 오픈 SCAD에 숙달된 프로그래머라 아니면 이해가 어려울 수 있지만, 인터페이스 사용 자체는 직관적으로 제공합니다.

http://www.thingiverse.com/apps/customizer

Charmr

차므르는 Autodesk사가 JPEG이나 PNG 이미지 파일을 불러들여서 펜던트를 커스터마이즈할 수 있도록 하는 것으로 밸런타인데이에 출시되었습니다. 선택된 이미지는 3차원 텍스처를 생성하기 위한 범프매핑(bump mapping)[6]으로 사용됩니다. 백라이트를 받으면, 빛이 주얼리

6. Bump Mapping은 1978년 Jim Blinn이 고안한 3차원 컴퓨터 그래픽스에서 물체 표면의 굴곡을 표현하는 기법으로 텍스처를 사용하여 조명 식에서 색상 성분을 변경시키는 대신에, 텍스처에 접근하여 표면의 법선 벡터를 변경하는 것

의 얇은 쪽으로 통과하면서, 3차원 흑백 이미지 비슷한 인상을 주는 방식입니다.

http://apps.123dapp.com/charmr/

Shapeshifter

인터페이스만 보면 셰이프시프터의 웹사이트는 그다지 인상적이지 않습니다. 화면에는 칙칙한 파란색 배경 위에 간단한 보라색 프리즘이 띄어져 있습니다. 마법이 시작되는 것은 화면 우측의 슬라이드 바에 시선이 가면서부터입니다. 설정을 바꿈에 따라, 원형의 형태는 좀 더 복잡하고 정제된 개체가 되어 갑니다. 이 응용프로그램은 화분, 전등, 주얼리, 추상 조각을 신속하게 생성하는 데에 매우 적합합니다.

http://shapeshifter.io/

Shapeshifter에서 복잡한 형태 만들기: 펜던트조명

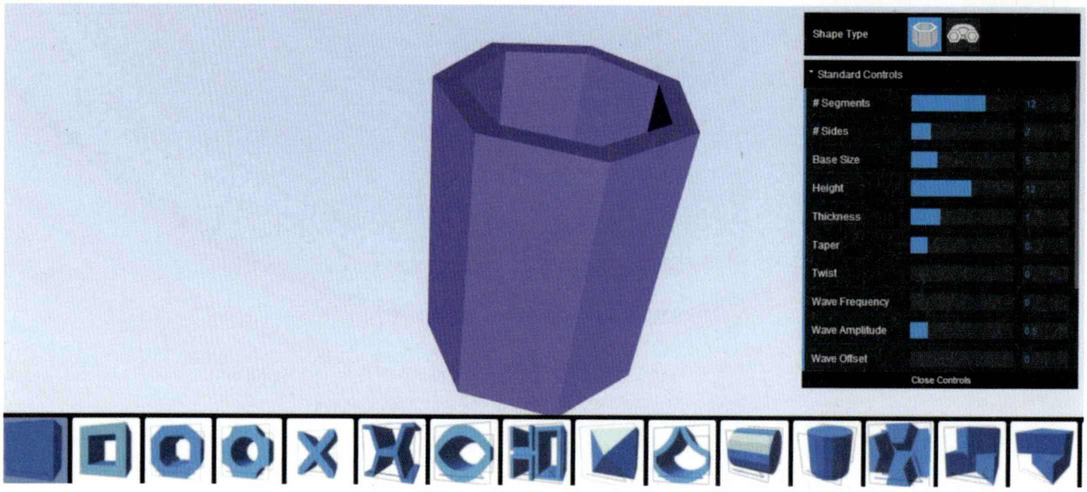

Shapeshifter의 인터페이스만 이해하면, 복잡한 개체를 쉽게 생성할 수 있습니다. Shapeshifter의 웹 페이지를 열어 다음을 확인합니다.

- 상단: 모델의 다운로드 및 공유 메뉴
- 중앙: 기본 보라색 프리즘
- 우측: 3D 파라미터 컨트롤 박스
- 하단: 선택가능한 텍스처들

Shapeshifter에서 기본 모형은 프리즘 형태와 뫼비우스의 띠를 제공하고 있습니다.

메뉴에서 [템플릿 Template] 기능을 이용하면 바로 사용 가능한 화분, 그릇, 반지, 팔찌, 접시, 샹들리에, 조각 등의 개체 템플릿을 선택할 수 있습니다.

[무작위화 Randomize]는 템플릿과 정반대로 비정형적인 형태를 생성할 수 있고, 오른쪽 파라미터 창에서 수정이 가능합니다. Shapeshifter의 진가는 컨트롤 박스와 범용 형태 설정기능에 있습니다.

자세한 기능설명은 103쪽에서 제공하겠습니다.

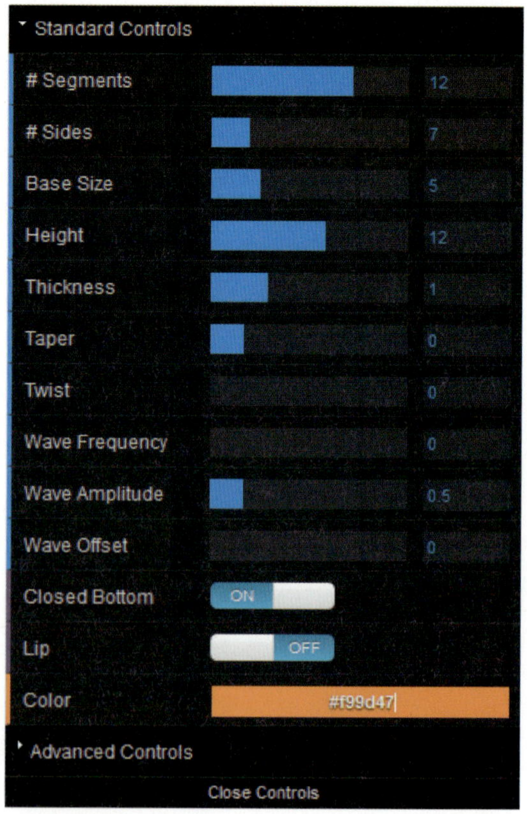

이제 Shapeshifter 기능을 활용하여 레이스 세공 전등 컬렉션을 예제로 복잡한 형태의 펜던트조명을 만들어봅시다.

http://shapeshifter.io/에 홈페이지에 들어갑니다.

오른쪽 3D 파라미터 컨트롤 박스(Standard Control)에 다음의 파라미터를 입력합니다.

Segments : 16	Taper : -0.89
Sides : 24	Twist : 0
Base Size : 6.3	Wave Frequency : 0.58
Height : 9.43	Wave Amplitude : 2.66
Thickness : 0.22	Wave Offset : 5.45

이렇게 입력하면 펜던트조명의 기본 형상을 확인할 수 있습니다.

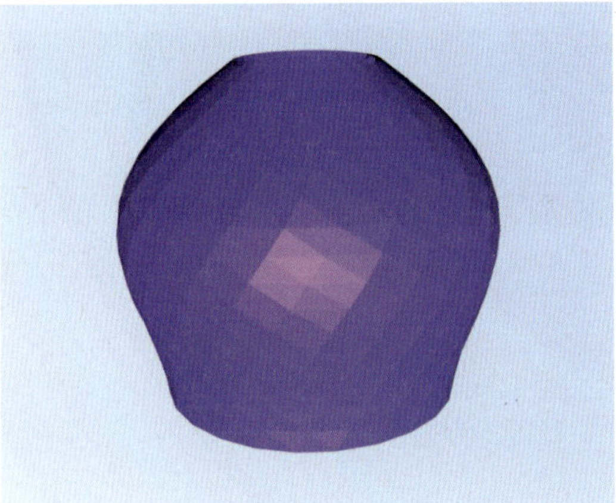

이제 닫힌 밑면(Closed bottom) 옵션을 선택 해제(Off)하고 입술(Lip) 옵션을 활성화(On)합니다. 아래쪽 면이 열리면서 위쪽의 구멍은 줄어들게 됩니다.

Closed Bottom: OFF
Lip: ON

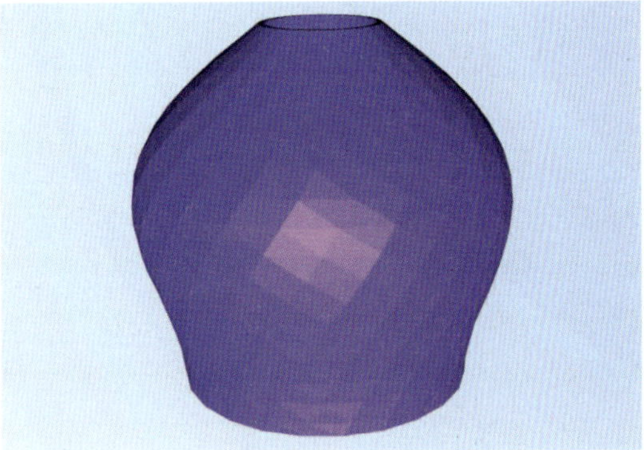

다음 화면 하단부에서 텍스처 창을 선택합니다. 사용 가능한 텍스처는 40종 가량입니다. 여기에서는 X자 형태(X-Shape)를 사용해 봅니다.

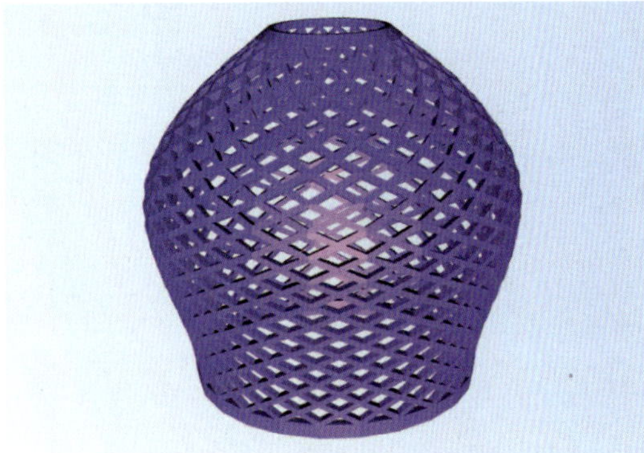

다른 어떤 텍스처를 선택하더라도 이것과 유사한 결과를 얻게 될 것입니다.

필요시 트위스트 효과를 형태에 줄 수도 있습니다. 아래는 트위스트(Twist) 값을 67로 입력한 경우입니다.

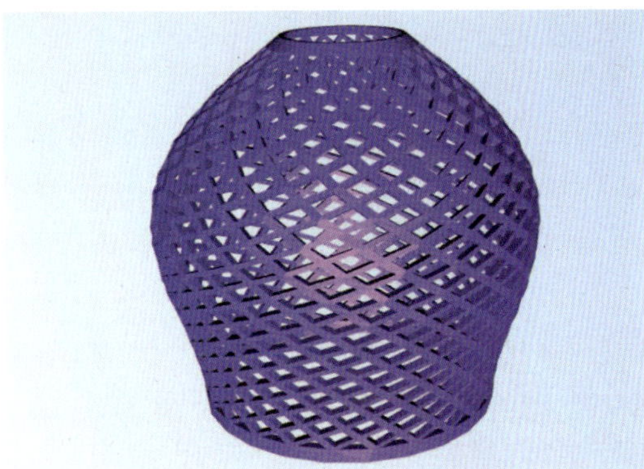

완성된 작품을 내보내기 위해서, 메뉴에서 [모델 다운로드 Download Model]을 선택합니다. 파일명을 입력하고(구두점이나 특수문자는 불가능함), 높이에 132 mm를 입력합니다. 나머지 크기는 자동으로 조정됩니다. 방향을 Z축으로 고정하고 OBJ 파일 포맷을 선택한 후 다운로드를 클릭하십시오. 파일이 컴퓨터의 다운로드 폴더로 자동 저장될 것입니다. 가능한 경우 3D 프린터하기에 앞서 Meshmixer 모델로 파일검증을 하십시오. 이 구조는 별도의 지지소재나 라프트 없이 출력될 수 있을 것입니다.

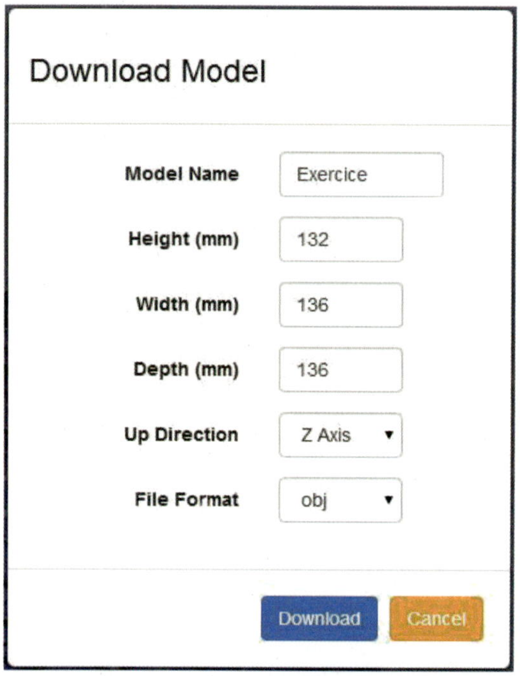

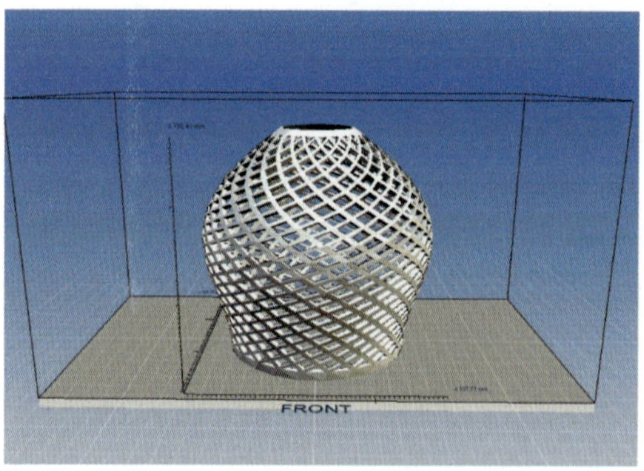

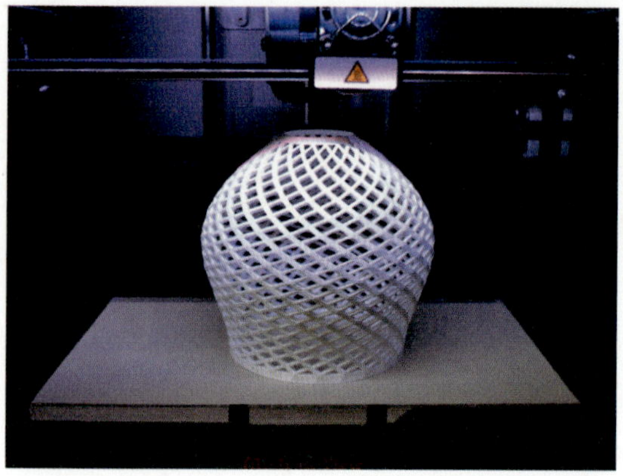

전등의 상부 구멍은 E27 규격의 전구용 소켓과 같은 크기입니다. 일반적인 플라스틱 소켓을 꽂으면 딱 맞을 것입니다. 안전상의 이유로 저 전력 LED 전구만 사용하시기 바랍니다.

축하합니다! 여러분은 파라메트릭 응용프로그램을 이용하여 전등을 만들어 냈습니다. 이제 동일한 개체를 여러분이 자주 사용하는 3D 모델링 소프트웨어로 복제해 보세요!

Shapeshifter의 다양한 기능소개

면 수(Sides): 모델의 면수를 변경합니다.

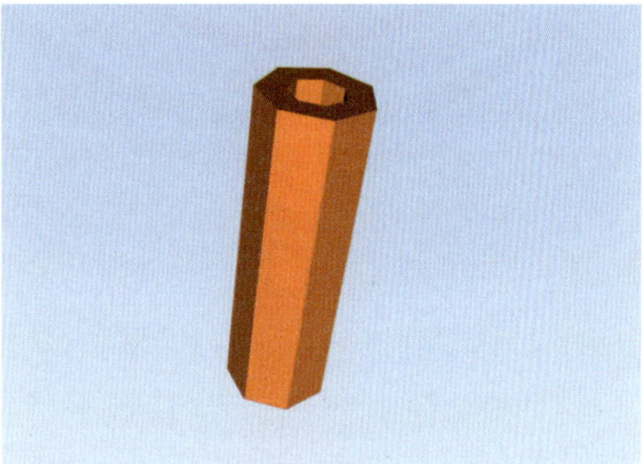

베이스 크기(Base Size): 모델의 외경을 변경합니다.

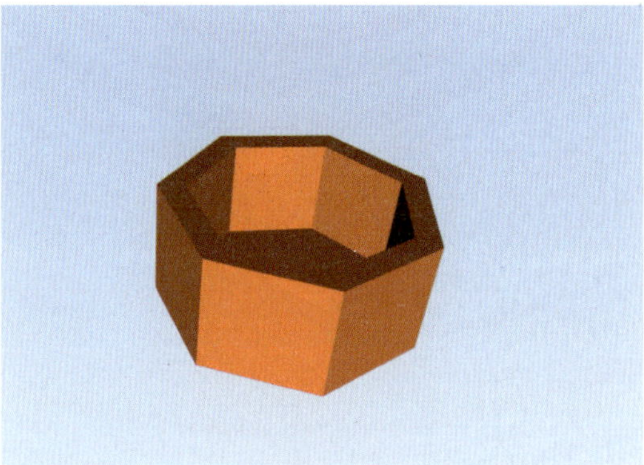

높이(Height): 모델의 높이를 변경합니다.

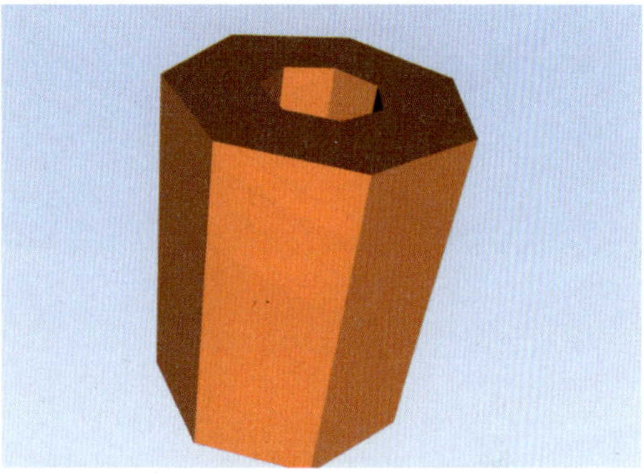

두께(Thickness): 내경(벽두께)을 변경합니다.

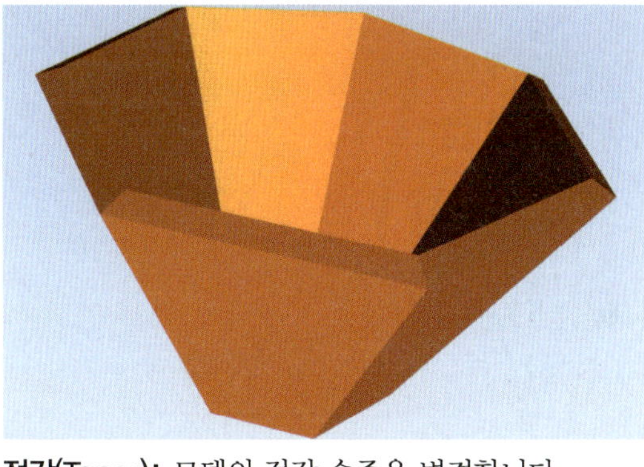

점감(Taper): 모델의 점감 수준을 변경합니다.

트위스트(Twist): 체적 자체에 트위스트를 걸어 줍니다.

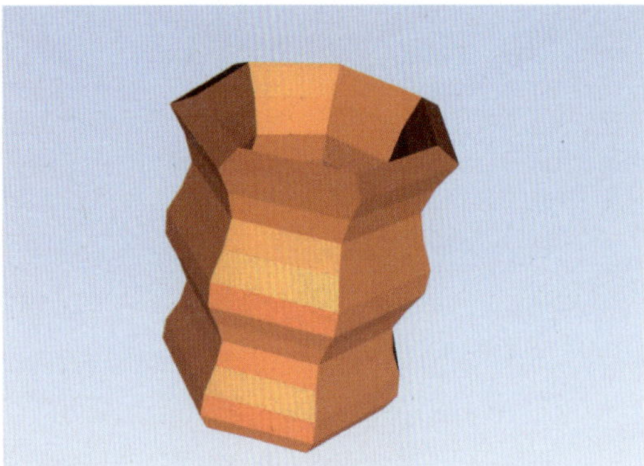

웨이브 횟수(Wave Frequency): 표면에 웨이브를 주고 웨이브의 개수를 수정할 수 있게 합니다.

텍스처: Shapeshifter 인터페이스의 하단부에 위치한 메뉴를 통해 40여 가지의 다양한 텍스처를 선택할 수 있습니다. 텍스처의 종류는 물고기 비늘부터 섬세하게 요철 처리된 그물 무늬까지 다양합니다. 특정 기하 형태의 경우 다른 형태 대비 프린트하기 까다로울 수 있다는 점에 유의하기 바랍니다. Shapeshifter는 아직 실험 단계의 소프트웨어이므로 메시에러의 발생 가능성이 있으니, 출력 전에는 파일을 Meshmixer나 Netfabb과 같은 소프트웨어로 내보내기해서 3D 파일 검토를 하는 것이 필요합니다.

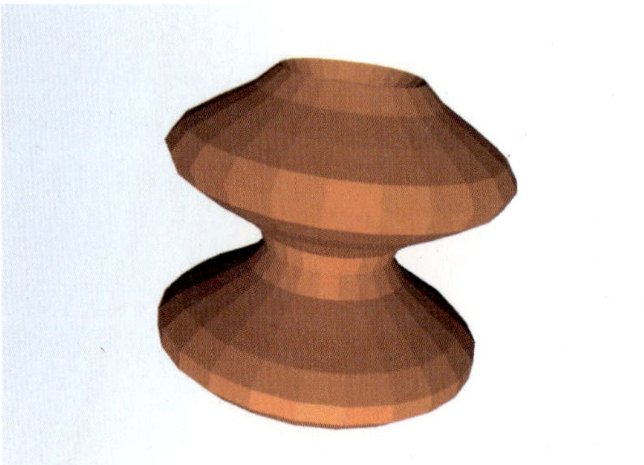

웨이브 크기(Wave Amplitude): 웨이브의 크기를 변경합니다.

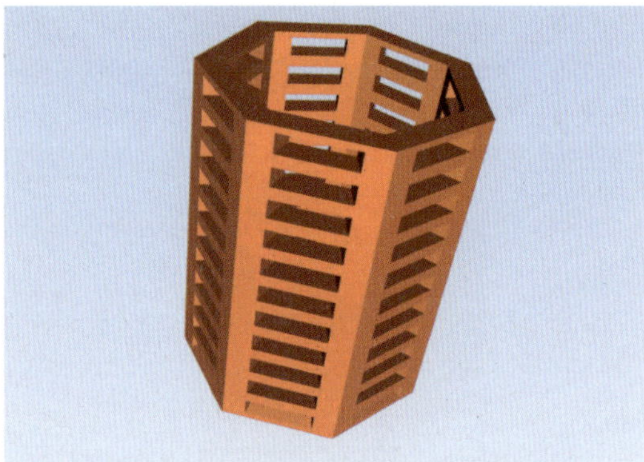

각진 텍스처(Square texture)

웨이브 오프셋(Wave Offset): 모델의 높이 방향 전체에 대해 웨이브의 오프셋을 설정합니다.

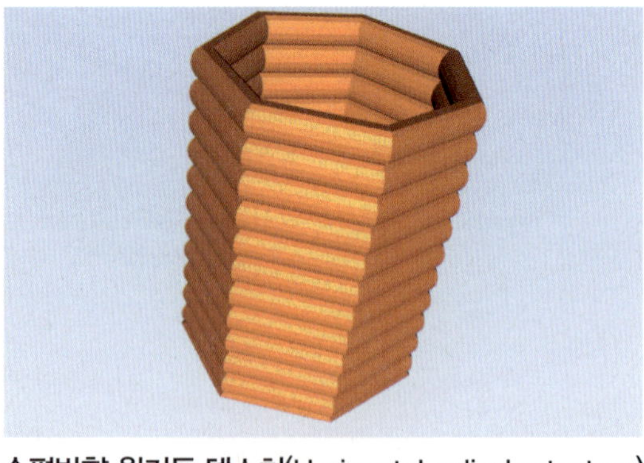

수평방향 원기둥 텍스처(Horizontal cylinder texture)

MEMO

조형물

보이스 조형

123D SCULPT와 Meshmixer에서
조형물 만들기

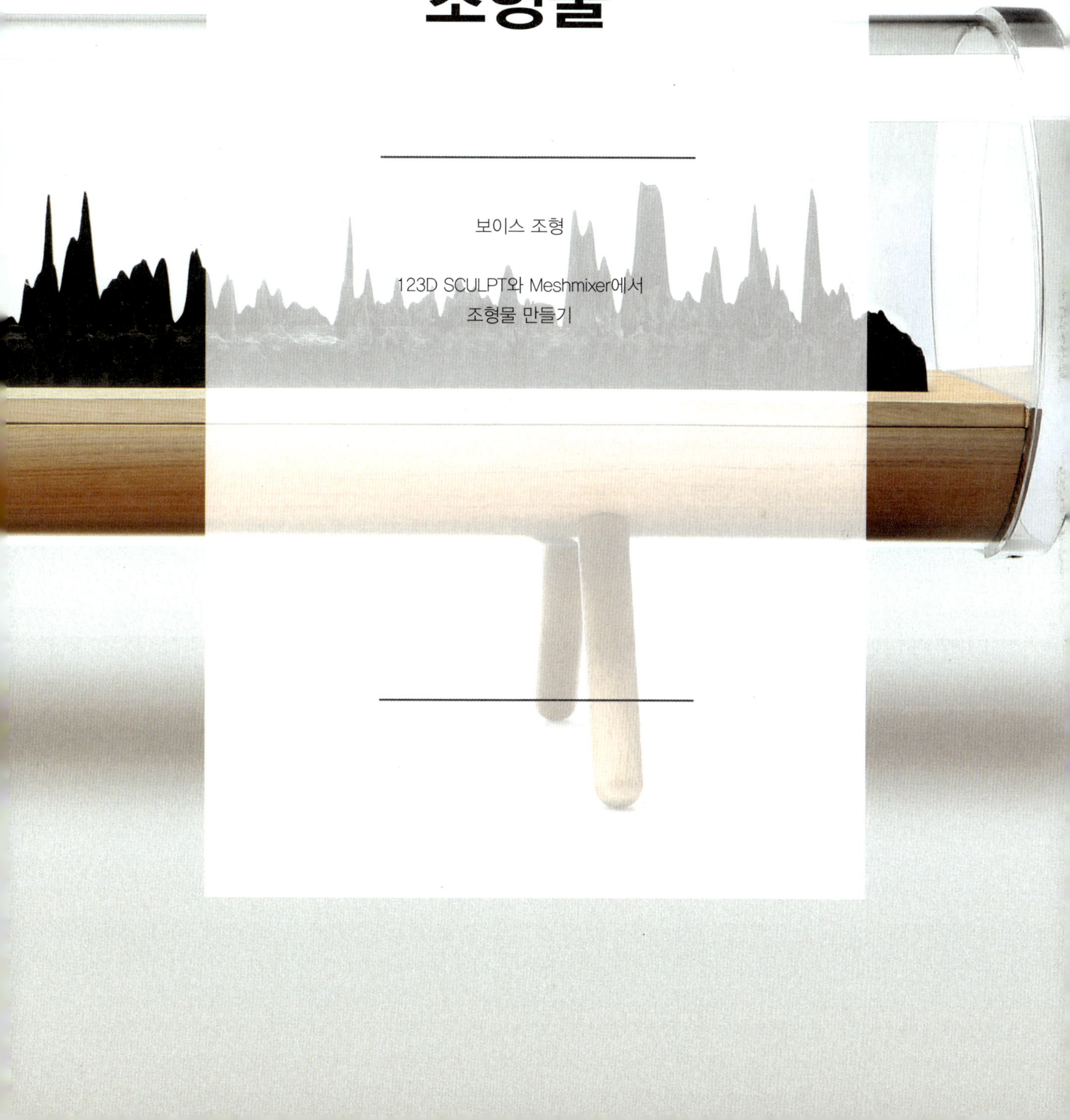

보이스 조형(The Voice of Sculptor)

산업디자이너, 공학자, 건축가만 3D 프린팅을 사용하는 것은 아닙니다. 앞 페이지에서 본 "Barack Obama Next Industrial Revolution"은 카사블랑카의 디지털 아티스트인 Gilles Azzaro가 만든 이 작품으로 보이지 않는 것을 인터랙티브 조형으로 만들어 낸 것입니다. Azzaro는 소리를 매우 좋아했으며, 이 작품 이외에도 소리를 사용한 많은 작품들이 있습니다.

이번 작품의 핵심은, 2013년의 미국 대통령 의회연설에서, 오바마가 강조한 "3D 프린팅은 미래제조혁신을 이끌 것이다"라는 그 목소리를 출력하는 것이고, 이러한 작업은 Azzaro를 더욱 유명하게 만드는 사건이 되었습니다. 실제로 이 작품은 2014년에 백악관에서 열린 White House Maker Faire에서 대통령에게 직접 전달되었습니다.

Azzaro의 작품은 매우 독특한 아름다움을 가지고 있습니다. 그는 자신이 만든 조형물 위에, 의도적으로 매우 낮은 프린팅 해상도를 사용하여 목소리의 파형을 층으로 쌓아서 더욱 대비되게 만들었습니다.

그는 다양한 특허기술과 개인적으로 알고 있는 기술들을 사용하여, 목소리에 대한 3차원 해석을 만들었습니다. 조형물에서 보이는 봉우리들은 목소리의 pitch(음의 높이)값을 사용하는 알고리즘을 통해서 조정하였으며, 다양한 모델링 소프트웨어를 사용하였다. ZBrush, Autodesk Mudbox, Cinema 4D, Sculptris가 대표적이다.

이전 페이지
조형물 Barak OBAMA: The Next Industrial Revolution, Gilles Azzaro 작품

왼쪽 페이지
조형물 Barak OBAMA: The Next Industrial Revolution, Gilles Azzaro 작품

오른쪽 페이지
연구실에서 작업 중인 Gilles Azzaro

요즘에는 PC 혹은 태블릿에서 구동되는 프리웨어들도 많이 있고, 이것들을 통해서 직관적인 형태의 디자인이 가능합니다. Meshmixer를 통해서 통합, 매끄럽게 하기, 왜곡하기 등의 효과를 줄 수도 있으며, 123D Sculpt, 123D Creature(현재는 123D Sculpt+로 통합됨)는 태블릿에서 손가락을 이용하여 자연스럽게 그림을 그릴 수 있게 도와줍니다. 다음 예제들을 통하여 이러한 소프트웨어를 어떻게 사용하는지 알아봅시다.

123D SCULPT와 Meshmixer에서 조형물 만들기

123D SCULPT에서 조형물 만들기

123D Sculpt를 사용하기 위해서는 iPad가 필요합니다. 당연히 123D Sculpt를 설치하고, Autodesk 123D community에 계정도 만들어 준비합니다.

이번 예제는 Gilles Azzaro의 목소리 조형물에 들어있는 stalagmite effect(종유석 동굴의 석순과 같은 효과)를 만들어 보겠습니다.

먼저 iPad에 있는 123D Sculpt를 실행합니다. 새로운 프로젝트를 열려면 화면에 있는 "+" 기호를 누릅니다. 화면하단에 템플릿 라이브러리(Templates Library)에서 동물 및 사람(Creatures)—동물 및 사람의 몸의 형태들, 오브젝트(Objects)—기본적인 형태들, 기하학적 형상(Geometry)—자동차, 옷 등 여러 가지 형태들을 볼 수 있을 것입니다.

기하학적 형상(Geometry) 중 직육면체(cube)를 선택해 봅니다.

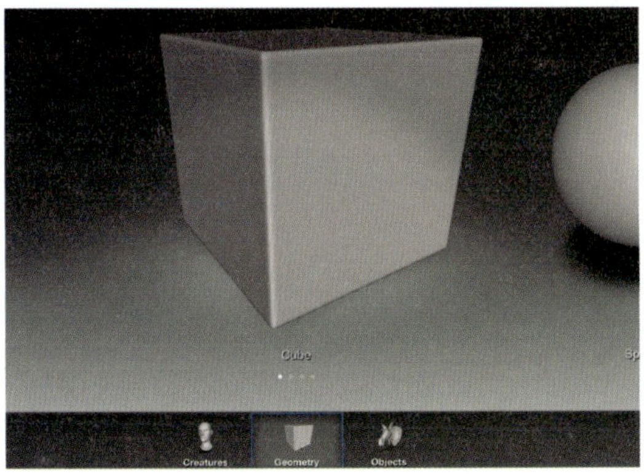

직육면체를 위의 그림처럼 만들어서 정면으로 배치시키고, 윗면의 아주 일부분만 화면을 조정합니다.

재질제거 도구(material removal tool—왼쪽열의 맨 위에서 8번째 있고, 화살표가 구의 바깥으로 향하는 것을 형상함)를 사용하여, 직육면체의 윗면을 잡아 당겨서 위로 올려봅니다. 도구의 크기(Size)는 30으로 설정하고, 강도(Strength)를 100%로 조정해 보자. 이렇게 하면 그림과 같은 석순효과를 얻을 수 있습니다.

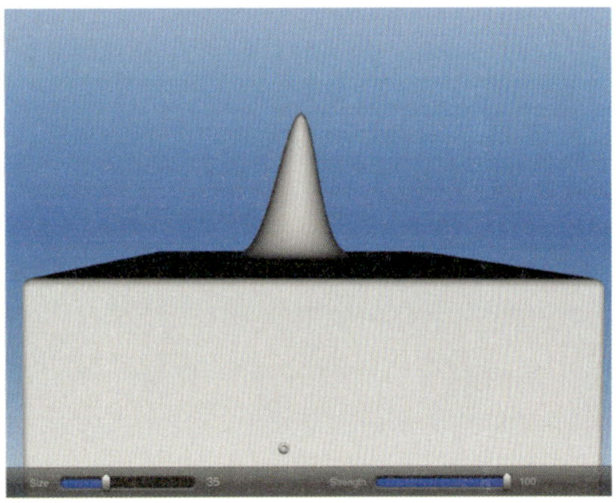

크기와 강도를 변경시켜 가면서, 다양한 형상을 만들어 봅니다. 여러 번 반복해서 아래 그림처럼 만들어 보는데, 다음 단계를 위해서 약간의 공간을 남겨두어야 합니다. 이외에 다양한 조형도구(예를 들면, 부드럽게 하기—Soften, 편편하게 하기—flatten, 두껍게 하기—thicken)들을 시도해 보면서 변형된 봉우리 모양을 확인합니다.

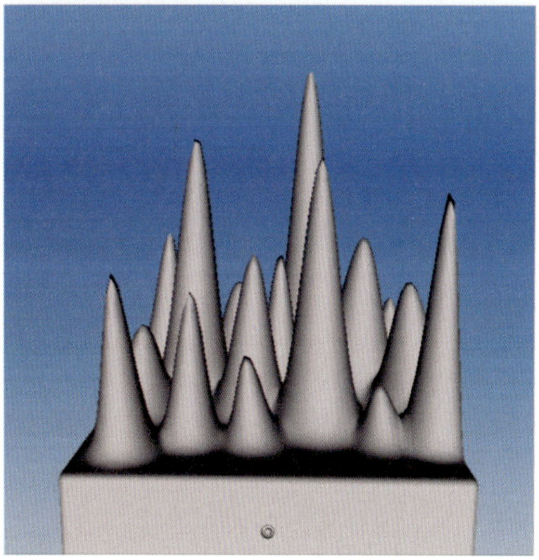

지금까지의 작업을 조형갤러리(sculpture gallery)에 저장하고, 공유(Share) 버튼을 눌러서 123D 웹 커뮤니티에 올려봅니다. 프로젝트 이름을 정하고, 공유모드를 Public 혹은 Private 중에 선택할 수 있습니다.

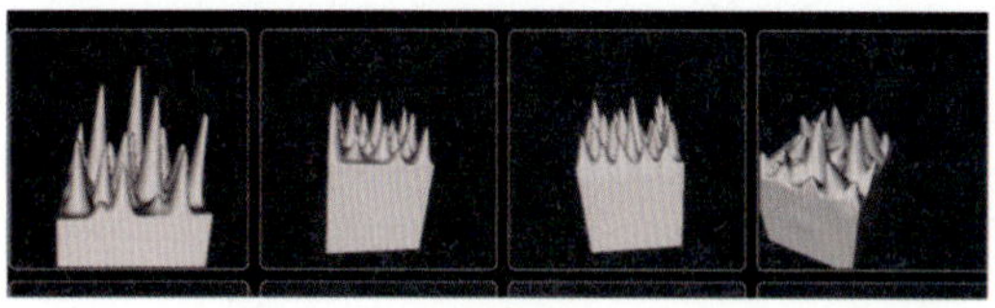

이제 컴퓨터를 이용해서 www.123dapp.com에서 여러분의 계정을 이용해서 로그인 해봅니다. 오른쪽 위에 있는 나(Me) 아바타 아래에 모형(Models)을 선택하면, 가장 최근에 작업한 프로젝트를 확인할 수 있습니다. 만약 파일을 찾을 수 없다면 여러분의 태블릿이 인터넷에 연결되어 있는지 확인할 필요가 있습니다.

123D Sculpt를 사용해서 만들었던 작품을 선택하고 편집/다운로드(Edit/Download)메뉴를 선택합니다. 3D 프린팅 주문하기(order a 3D print), 123D Make로 보내기(Send to 123D Make), 홈에서 프린트하기(Print at home) 등 다양한 기능을 제공합니다.

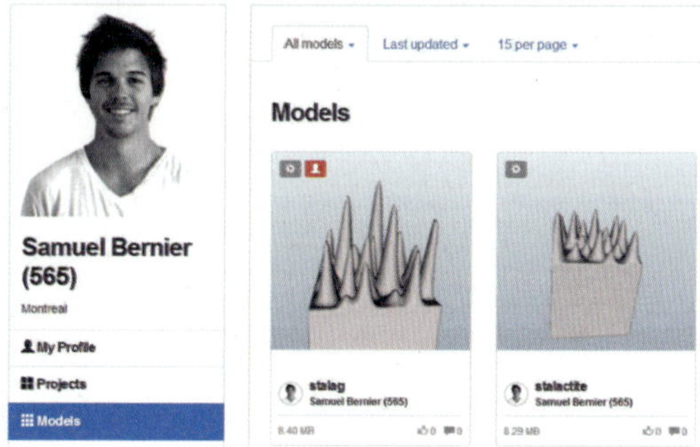

이번 예제에서는 3D 모델 다운로드(Download 3D models)를 선택합니다. 그러면 STL 파일과 OBJ 파일을 압축시킨 하나의 ZIP 파일이 생기고, 여러분 컴퓨터에 다운로드를 시작합니다. 만약 다운로드가 회색으로 비활성화되어 선택할 수 없다면, 태블릿에서 아직 파일이 웹사이트로 업로드되지 않았다는 것이므로 인터넷 연결을 확인하고, 조금 기다린 후에 시도해 봅니다.

Meshmixer에서 조형물 만들기

앞 예제에서 123D Sculpt로 만들었던 STL 파일을 Meshmixer에서 열어봅니다. 완성파일이 없다면, www.thingiverse.com/thing:442538에서 파일이름 "Sculpt exercise"라는 예제를 다운로드 받습니다.

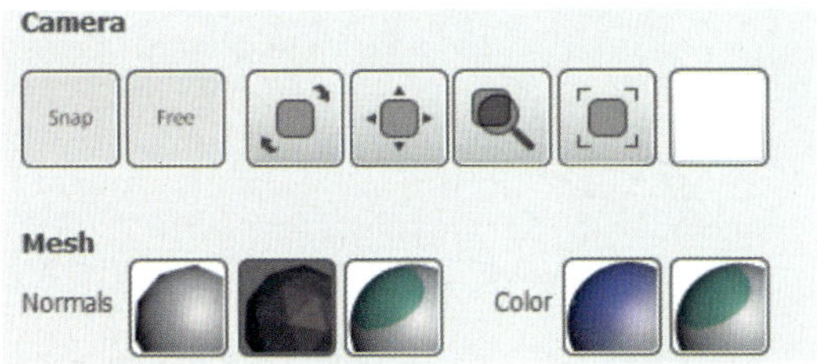

파일을 열면, 키보드 스페이스키로 디스플레이의 옵션을 바꿀 수 있습니다. 인터페이스의 배경색을 변경하거나 "Mesh" 디스플레이 형태를 선택할 수도 있습니다.

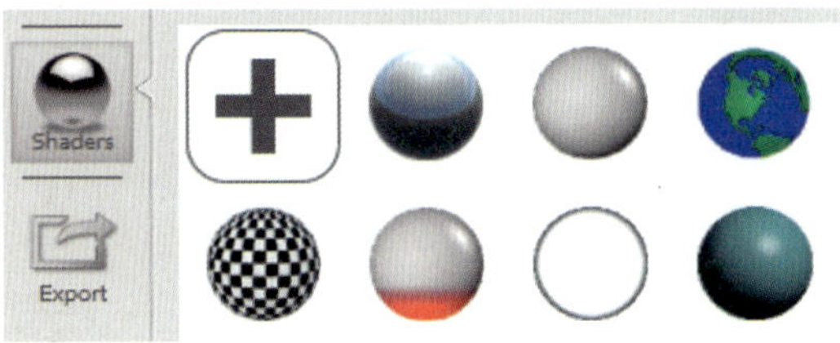

또한, 디스플레이 색상을 바꾸거나, 셰이더(Shaders) 기능으로 대상물의 질감(texture)이 보이도록 설정할 수 있습니다.

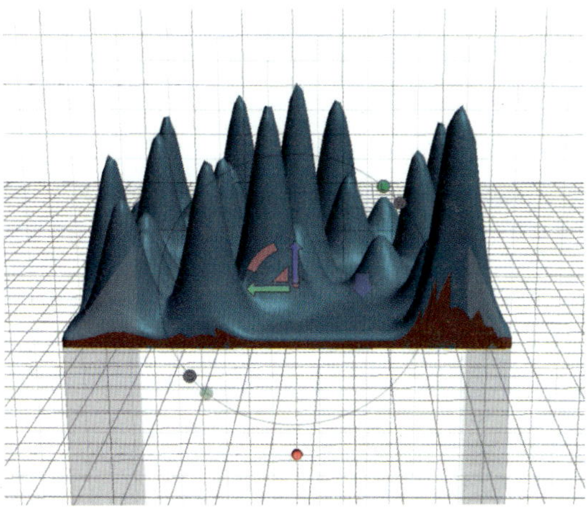

이제 [편집 Edit]-[평면 자르기 Plane cut] 기능으로 사용해서, 석순형상 아래 직육면체 부분을 위의 그림처럼 잘라 내봅니다.

다음에는 선택(Select)기능으로 브러시를 사용해서 봉우리 영역 중의 하나를 위의 그림처럼 선택합니다. 왼쪽 윈도우에 새로운 옵션들이 제공되며 [전환하기 Convert to] [오픈파트로 전환하기 Convert to Open Part]를 설정하면 선택된 영역이 자동으로 Meshmix 라이브러리에 저장됩니다.

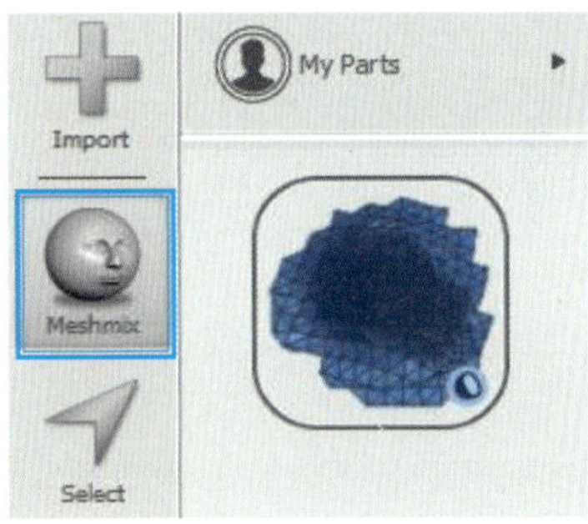

Meshmix에서 나의 파트(My parts)를 실행시키면, 방금 저장되었던 내용을 확인할 있으며, 파트를 슬라이딩하여 조형물의 빈자리에 석주형태를 추가해봅니다.

현재 화면에서 보이는 대상은 단지 약 1 mm 폭 밖에 아닙니다. 폭을 60 mm로 키우려면 [분석 Analysis]-[단위/크기 Units/ Scale]를 선택하여 조절합니다.

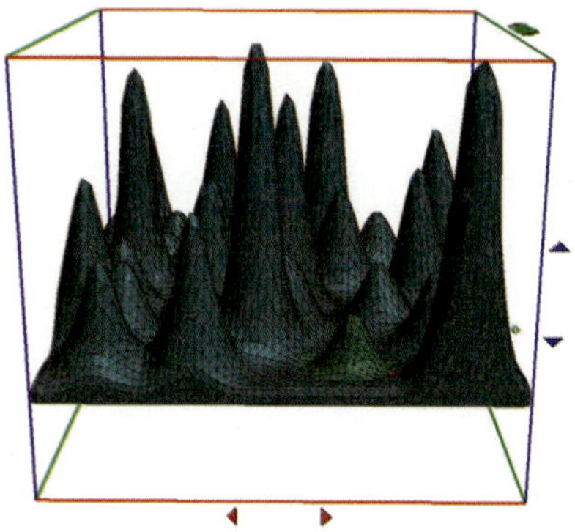

이제는 [조형 Sculpt]-[정교화 Refine] 기능을 이용하여 가장 눈에 잘 띄는 다면체가 있는 메시 영역의 밀도를 증가시켜 봅니다. 메시 밀도변화를 확인하기 위해서 키보드 W키를 눌러 메시 와이어프레임(Wireframe) 보기 기능을 설정합니다.

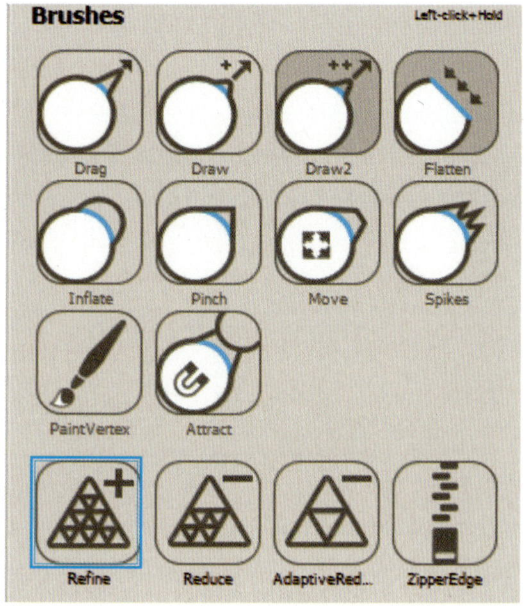

Sculpte 도구에는 123D Sculpt에 있는 모든 모델링 기능들에 들어있습니다. 예를 들면 드래그(Drag), 스파크(Spike), 이동(Move) 등의 브러시를 사용해서, 우리가 조금 전에 만들었던 석순과 거의 비슷한 효과를 만들어 낼 수 있습니다. 이렇듯 Meshmixer를 사용하면 복잡한 조형물도 만들 수는 있지만, 123D Sculpt에서 터치로 제공하는 모델링과는 차이가 분명히 있을 것입니다.

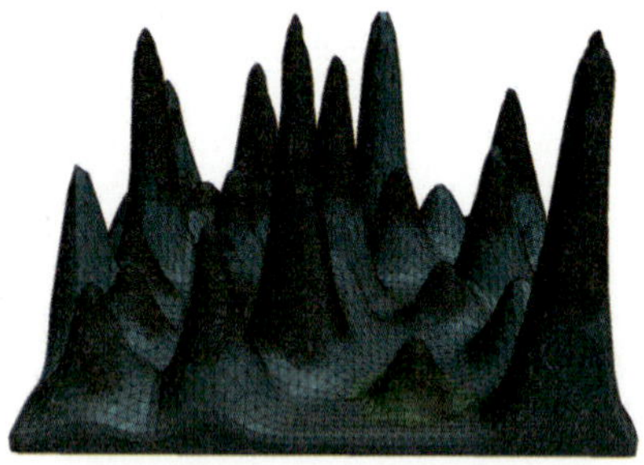

이제 STL 파일로 출력 전에 검토(Inspector) 기능으로 여러분이 만든 작품이 출력 시 문제가 없는지 확인합니다.

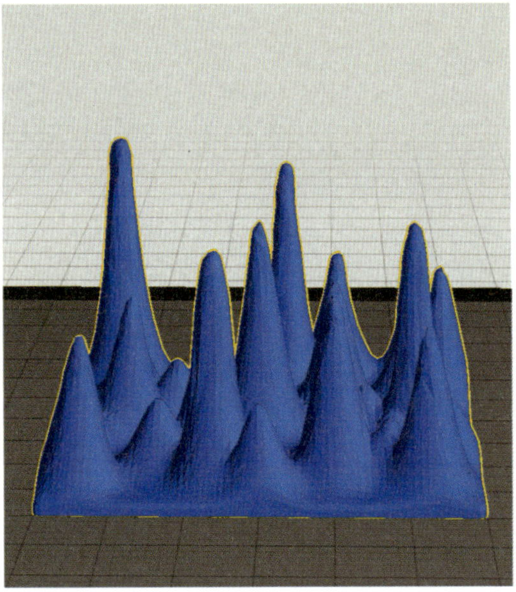

이때 주의할 점은 적층효과를 극대화하기 위해서 해상도는 아주 낮게 처리(0.3 mm에서 0.5 mm)하는 것이 좋으며, 출력을 위한 서포터는 이 작품에서는 불필요합니다.

다음은 MakerBot Replicator 2를 이용해서 완성된 작품을 0.4 mm 층으로 출력한 작품의 예입니다.

컬러

컬러에 대한 새로운 접근

123D Sculpt와 Meshmixer에서 채색하기

TIP: 다양한 색깔의 부품 만들기

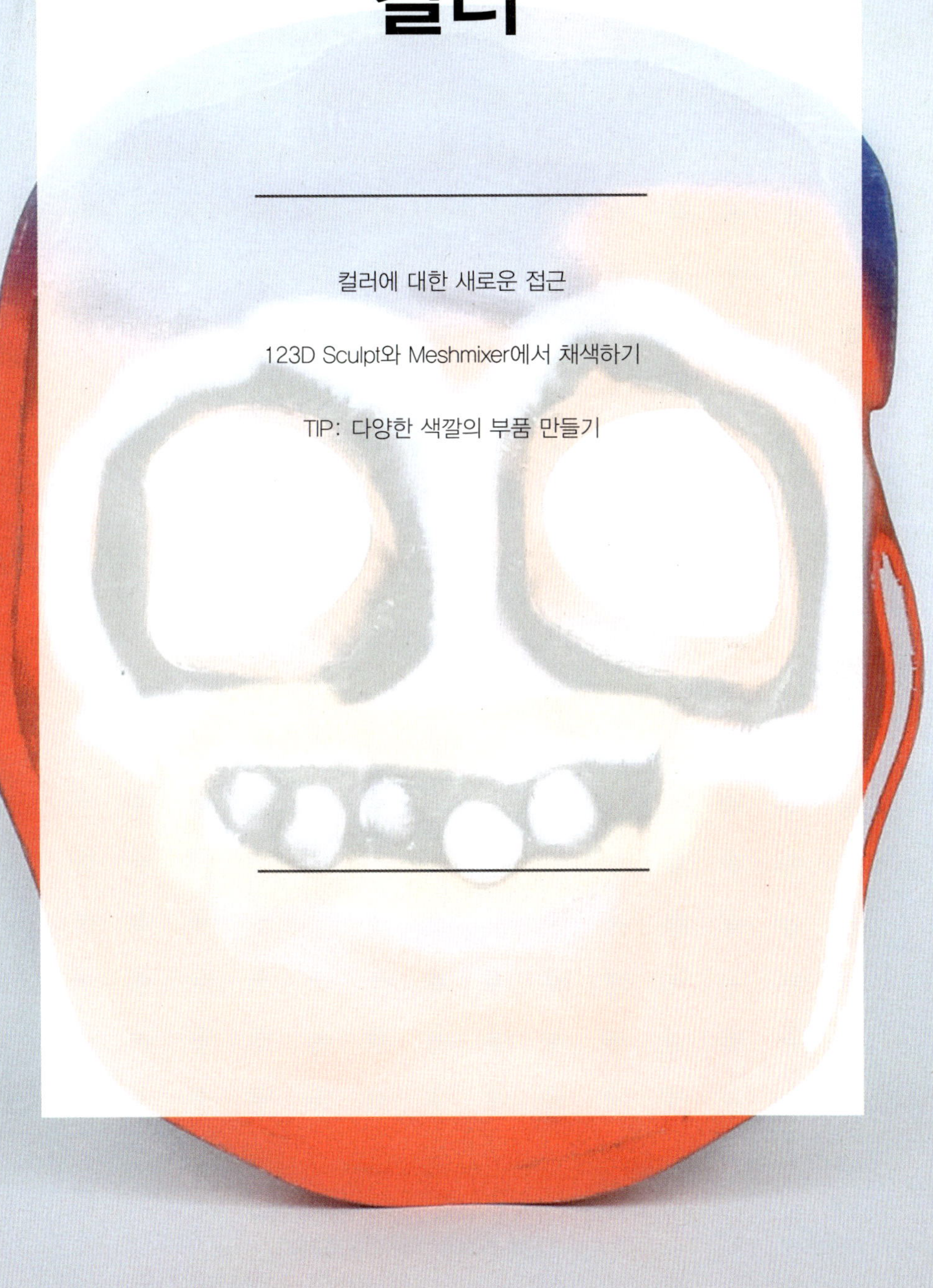

컬러에 대한 새로운 접근

Laureline Galliot은 일상적인 물건을 만들 때, 모델링과 가상색(Virtual color)을 이용하고 있는 디자이너 중의 한 명입니다. Laureline이 진행 중인 "Contour & Masse" 프로젝트에서, 일반적인 제품디자인에서 사용하는 기법들(예를 들면, 선을 이용한다거나, 표면을 앞뒤로 미는 방식)보다는 자신만의 팔레트에서 색과 재질을 사용하여 하나의 덩어리를 만드는 모델링방법을 제시하였습니다.

그녀는 애니메이션을 위해서 만들어진 디지털조형도구를 가지고 그림을 그리거나, 모델링 작업을 하거나, 다양한 대상을 직관적으로 재창조합니다. 컬러 3D 프린팅 기술인 "Binder jetting(3D Systems)"과 "SDL paper(Mcor IRIS)" 등을 이용하여 대상물에 색을 입혀서 실제 대상과 거의 같은 느낌을 가지도록 만들 수 있습니다. 이런 식의 접근법은 제품디자인에서 색을 사용하는 새로운 방법으로 의미가 있으며, 그녀의 시도는 Var General Council에서 수상하는 영광을 안았습니다.

오늘날에는 색, 재질을 모델링 파일에 적용하고, 이를 3D multicolor 프린터에 보낼 수 있는 다수의 전문가용 소프트웨어들이 있다. 다음 예제에서는 123D Sculpt와 Meshmixer의 색조 기능을 중심으로 Laureline Galliot이 시도한 3D 프린팅에서 오브제 채색하는 과정을 연습해 보겠습니다.

이전 페이지
Contour de masse, Mask, Laureline Gallot 제작, Mcor Iris롤 출력함 (출처: Laureline Galliot)

왼쪽 페이지
Contour de masse, Tea pot, Laureline Gallot 제작, ZPrinter 650롤 출력함 (출처: Laureline Galliot)

오른쪽 페이지
tea pot 디자인하기, Laureline Gallot 제작, ZBrush롤 이용하여 모델링함 (출처: Laureline Galliot)

123D Sculpt와 Meshmixer에서 채색하기

123D Sculpt에서 채색하기(iPad 기반)

123D Sculpt 라이브러리에서 기본 구형을 불러옵니다. 마치 골프공을 만들 듯이, [파기도구(digging tool)](왼쪽 창 3번째 아이콘)를 사용하여 표면에 작은 홈을 냅니다. 도구의 크기(size)와 강도(strength)를 50%로 줄여서도 시도해 봅니다. 시간을 줄이기 위해서 대칭기능(symmetry function)을 이용하면, 구의 반대쪽에 아주 쉽게 방금 진행했던 작업을 자동으로 수행할 수 있습니다.

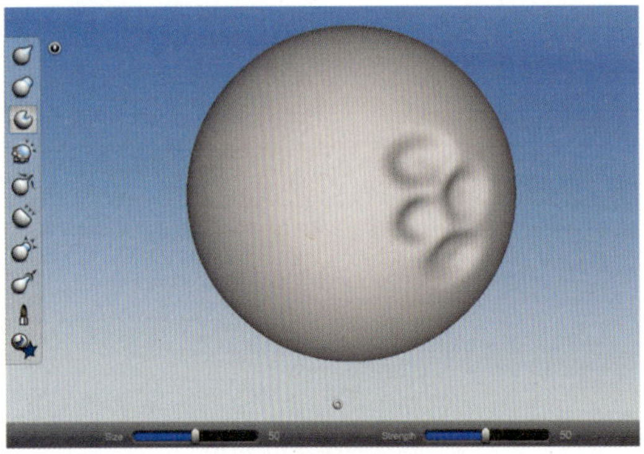

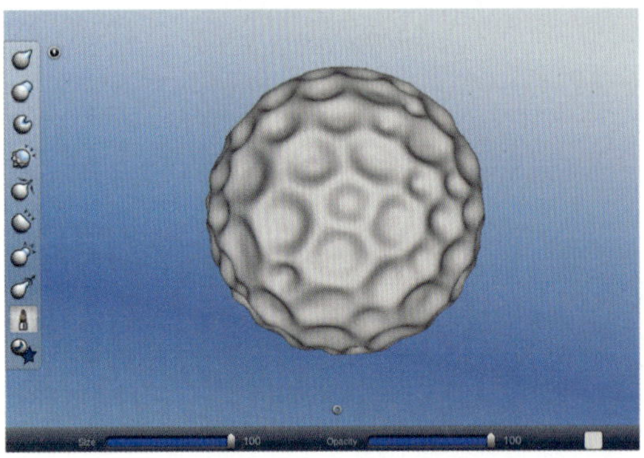

골프공 형상을 다 만들었으면, 이제 브러시(Brush)도구를 선택합니다. 왼쪽 창 밑에서 두 번째 붓모양 아이콘입니다. 이제 형상의 기본색을 칠해보겠습니다. 페인트브러시(Paint brush)를 선택하고, 붓 끝은 블러 둥근형(Blurred Circle)으로 선택하여 골프공 형상 전면을 채색합니다. 다음 배경과 보색이 되는 색이나 혹은 구별이 가는 색을 선택하고, 붓 사이즈는 20%로 줄여 홈이 난 부분을 부분적으로 칠합니다.

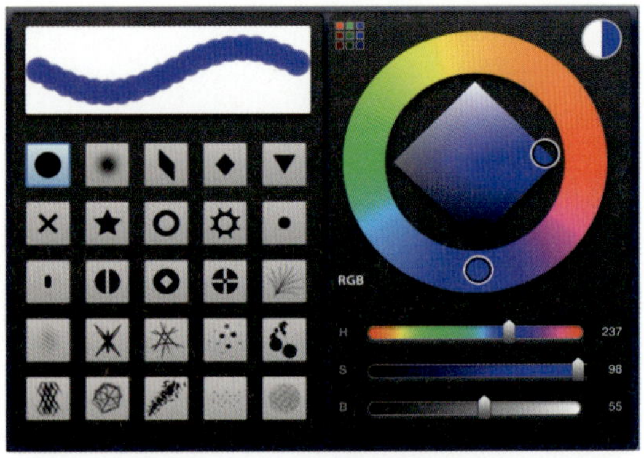

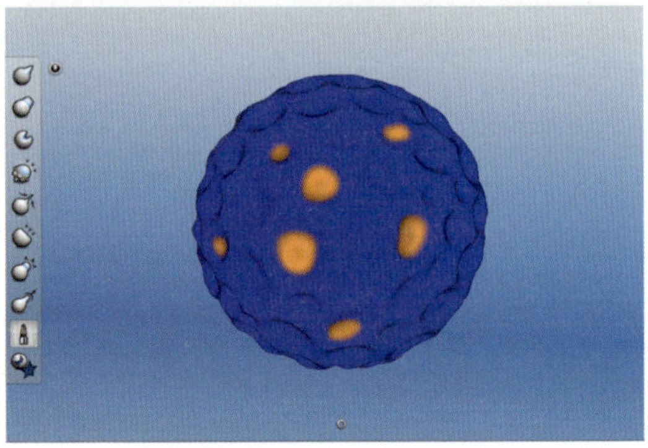

123D Sculpt에서는 [매핑 Mapping] 기능을 이용하여 (왼쪽 창 마지막 아이콘) 대상의 표면에 다양한 이미지 혹은 텍스처를 입힐 수도 있습니다. 눈, 얼굴, 피

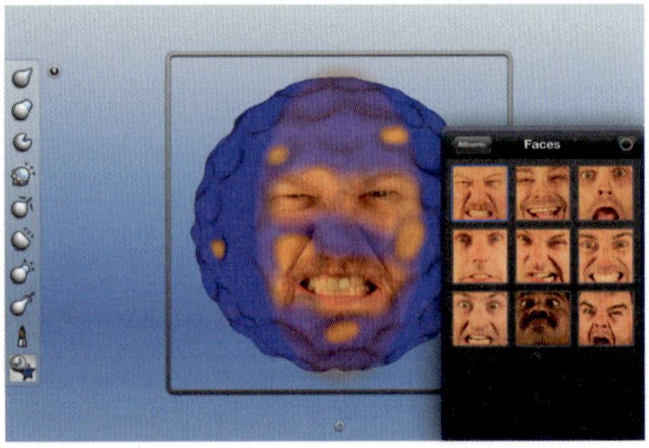

부, 다양한 재질 등의 비주얼 효과를 수행할 수 있으며, iPad의 카메라 기능을 통해서 여러분의 셀카 이미지를 불러들일 수도 있습니다.

선택된 텍스처를 적용하려면, 대상물이 있는 그림 위로 간단히 슬라이딩 하여 시도해 볼 수 있고, 투명도를 조절하면 자연스러운 효과를 볼 수 있습니다. 모든 작업이 완성되면 작품을 123D community로 공유하고, 압축된 파일을 여러분의 컴퓨터에 다운로드받아 출력을 준비하면 끝납니다. 압축파일에는 STL 파일 외에도 OBJ, MTL, PNG 매핑파일이 함께 제공됩니다.

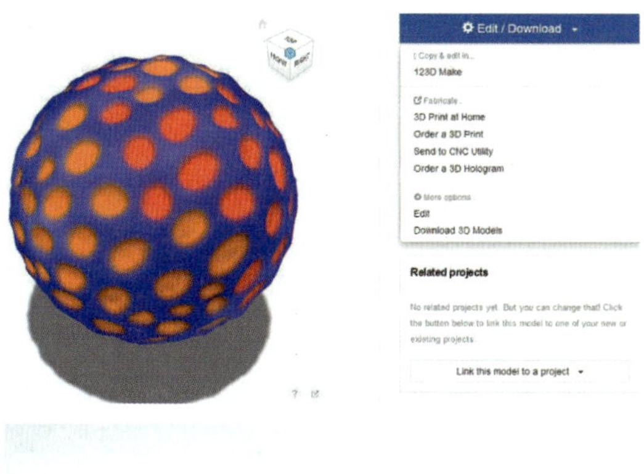

Meshmixer로에서 채색하기

Meshmixer를 실행하고 [파일 File]-[임포트 Import]-[구 Sphere] 메뉴로 기본 구형을 생성합니다.

[조형 Sculpt] 브러시 중 드래그(Drag)를 사용하면 앞에서 사용한 효과를 비슷하게 수행할 수 있습니다. 크기와 강도를 각각 50, 30으로 설정하여 시도해 보고, 다른 브러시들도 활용하여 표면 작업을 진행합니다.

채색작업을 본격적으로 하기 전에, 키보드 스페이스키를 누르고 원구를 선택하여 메시컬러모드(Mesh Color Mode)가 활성화되어 있는지 확인합니다.

다음 [조형 Sculpt]에서 PaintVertex 브러시를 선택합니다.

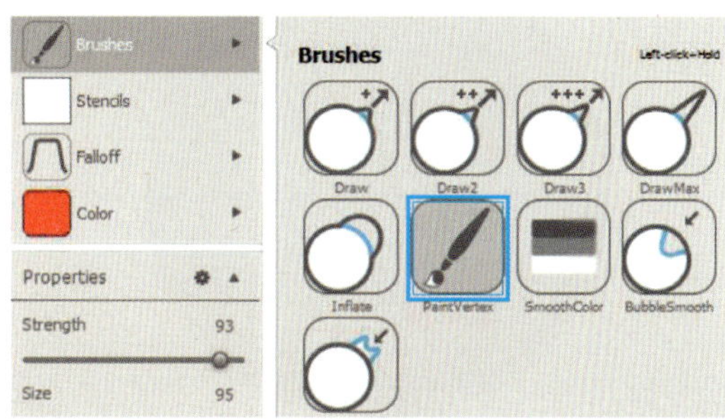

스텐실(Stencil) 기능에서 오른쪽에 있는 가장 마지막 스텐실을 선택합니다(그러데이션 원). 언제라도 "+" 아이콘을 클릭하면 이미지를 불러 올 수 있다는 것도 명심합니다.

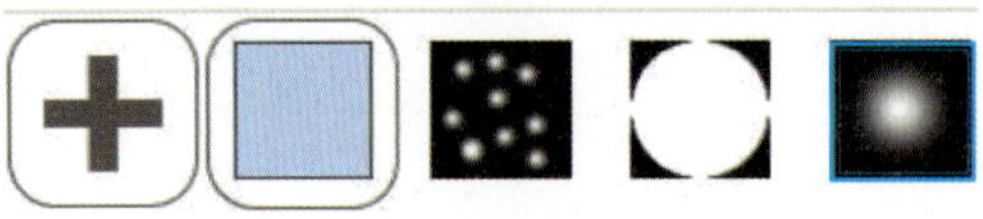

폴오프(Falloff) 기능에서 네 번째 아이콘인 버블(Bubble)을 선택합니다.

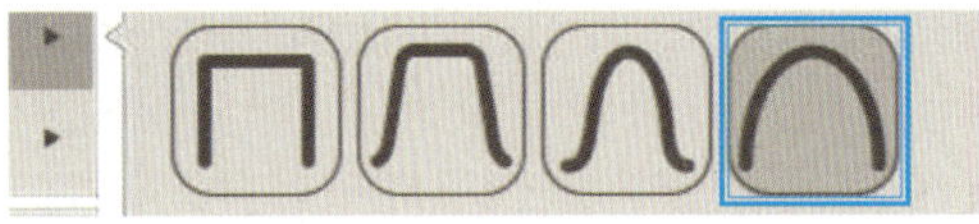

이와 같이 각각의 모드를 바꾸어 가면서 다양한 도구를 학습해 봅니다.

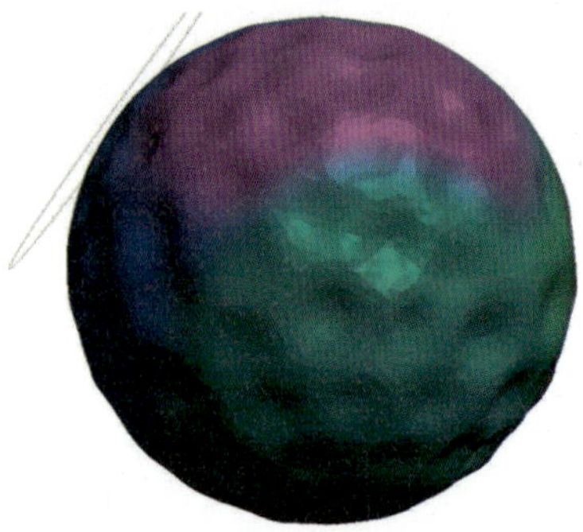

이제 큰 사이즈 브러시와 채색할 컬러를 선택하고 구형의 전면에 색을 칠합니다.

색상과 브러시 크기를 조정하면서 전체적으로 색감이 나도록 각각의 구멍(cavities)에 색을 입혀봅니다.

브러시를 부드러운 색(Smooth Color)으로 바꾸고, 색깔들 사이의 변화를 조정해 볼 수도 있습니다. 물론, 모형의 사이즈도 충분히 고민해야 출력할 때 문제가 발생하지 않습니다. [분석 Analysis]-[단위/크기 Units/Size] 메뉴에서 원하는 크기를 입력해 봅니다. 기본 설정 값으로 구는 25 mm 지름을 가집니다.

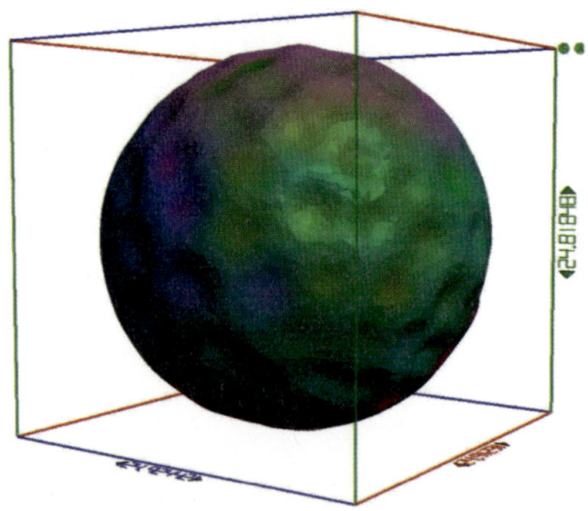

채색한 정보를 저장하려면 [파일 File]-[내보내기 Export]-[OBJ Format with Per-Vertex Color]를 실행합니다. 123D Sculpt와는 다르게 OBJ 파일은 MTL 파일과 연계되어 있지 않아서, 모든 색상 정보는 OBJ 파일에 함께 들어있습니다. 만약에 다른 텍스처 파일을 만들기를 원하면, 표준 OBJ 파일 포맷으로 저장하여야 합니다.

TIP 다양한 색깔의 부품 만들기

필라멘트 바꾸기 (Pause Z)

여러분의 3D 프린터 기기에서 "Z 일시정지"기능을 제공한다면 출력 중 일시 정지하여 필라멘트를 바꿔 출력할 수 있습니다. 몇몇 슬라이싱 소프트웨어(예를 들면 Cura, Simplify 3D)는 출력 코드에서부터 멀티 Z 일시정지 옵션을 추가할 수 있습니다. 이러한 기능으로 하나의 노즐을 가지고도 필라멘트만을 바꾸어 가면서 다양한 색을 출력할 수 있다. 더욱이, 단순히 색만을 바꾸는 것이 아니라, 재질을 PLA에서 우드필라멘트로 바꾸어 가면서 출력하면 더욱 새로운 작품을 만들 수 있습니다.

나일론과 염색

시중에서 구매가 가능한 나일론 필라멘트는 강도(strength)가 높은 장점 이외에도 염색이 가능하다는 이점이 있습니다. 파우더 형태의 염료는 뜨거운 물에 잘 녹여서 1시간 정도 필라멘트를 담가두면 염색을 할 수 있습니다. 염료 사용 전에는 반드시 보유하고 있는 나일론 필라멘트와 호환성이 있는지 사용 설명서를 잘 읽고 사용해야 합니다.

EGALITE
A LA
GLOIRE
REPUBLIQUE
FRANCAISE
LA
VILLE DE PARIS
1883

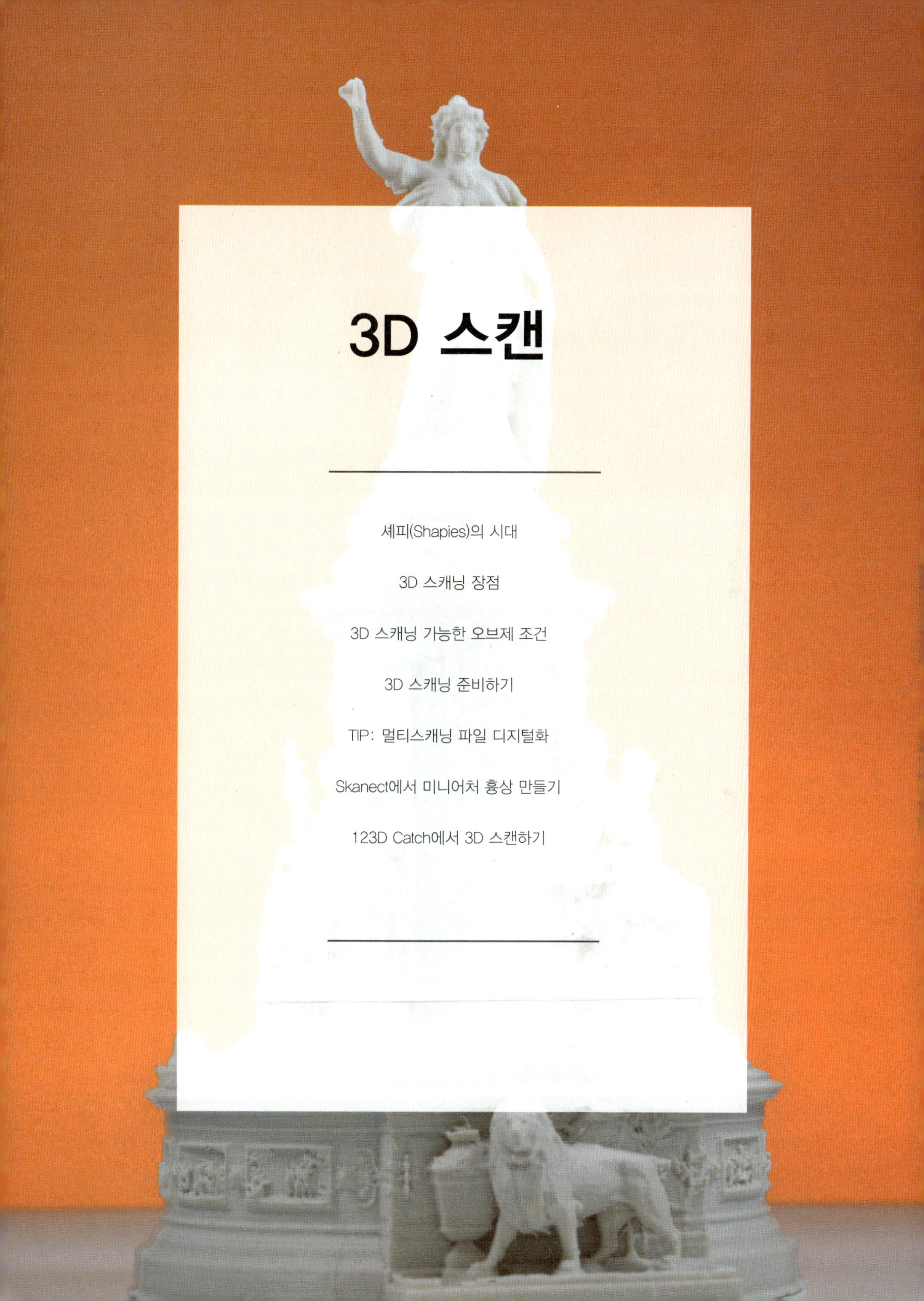

3D 스캔

셰피(Shapies)의 시대

3D 스캐닝기술은 역설계공학(Reverse Engineering)에서 오랫동안 연구되고, 건축 및 도시설계에서 그리고 문화재 보존에 이르기까지 광범위하게 사용되고 있습니다. 공학자들은 스캐닝 기술을 이용해서 고가 제품의 모조품을 만들거나 혹은 유명제품들을 연구하는 데 활용하기도 하고, 의학 쪽에서는 임플란트나 보조기에 적용하기도 합니다.

일반 소비자는 스캐닝 기술을 어떻게 쓸 수 있을까? 지금까지는 한 가지 방법 정도인 듯합니다. "셀피"를 통한 자기 자신을 찍는 움직임은 2004년을 기점으로 SNS망이 폭발적으로 늘어나며 발생하였는데, 요즘에는 휴대용 스캐닝 앱이 선보이며(예: 123D Catch), 3차원 셀피인 셰피(Shapies)가 유행하고 있습니다. 특히, 구글은 Tango 프로젝트를 통해서 실시간으로 공간에서 대규모의 특정 스캔 포인트를 획득할 수 있는 방법도 개발하였고, 2013년 애플은 Kinect의 원형기술과 LED 스캔기술에 대한 특허를 가지고 있는 PrimeSense를 인수하면서 관련 분야의 관심이 커지고 있습니다. 3D 사진부스도 인기를 끌고 있습니다. 일본회사 PARTYLab은 Omote 3D SashinKan 프로젝트를 통해서 이러한 생각을 최초로 사업화 하였고, 전 세계 언론의 스포트라이트를 받고 있습니다. 이러한 아이디어는 이스라엘에서 Coca-Cola, 영국에서는 Asda 쇼핑센터에서 홍보효과를 톡톡히 누리고 있다.

셰피라는 신조어가 생기며 3D 프린팅으로 만드는 개인의 실제 모습은 강한 자기애를 보이는 방식으로 논쟁거리가 되곤 합니다. 하지만 시각장애인들에게 한 번도 본 적 없는 가족과 친구, 그리고 만져볼 수 없는 TV스타들의 모습을 3D 프린팅하여 선물한다면 어떨까요? 한양대학교 이매진랩과 아이디어팩토리가 국내 전시한 3D 입체네임카드는 시각장애인의 정면과 측면사진을 기반으로 얼굴을 모델링하고 표면을 부드럽게 만져볼 수 있도록 종이접착방식 출력을 사용하였습니다.

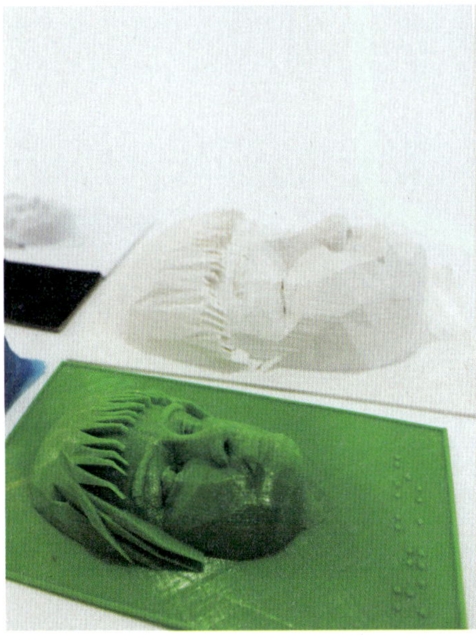

이전 페이지
Place de la Republique, 스캔: Trimble, 작품: Gregory Lepere
출처: le FabShop

왼쪽 페이지
"작은 나" 스캔: Artec EVA, Comexx 작품, ZPrinter 650으로 프린팅함
출처: Comexx

오른쪽 페이지
시각장애인 입체네임카드, 출력: ULTIMAKER 2와 MCOR IRIS
출처: 한양대학교 Imagine Lab + 아이디어팩토리

3D 스캐닝 장점

왜 3D 스캐닝을 하는가

오늘날 다양한 가격과 품질의 3D 스캐너들이 시장에서 선보이고 있습니다. 일반적으로 비싼 기기가 성능이 좋기는 합니다. 하지만 고가의 스캐너들이 문제가 없는 것은 아닙니다. 3D스캐너를 구매하기 전에, 3D 스캐너로 작업을 할지 아니면 직접 모델링을 해서 오브제를 만들지 고민할 필요가 있습니다. 3D 스캐너를 사용하면 좋은 경우들은 다음과 같다.

수제품(Handmade items)

디자인에 따라 원하는 형태를 모델링하는 데 매우 복잡하고 어려운 경우가 있습니다. 직접 치수를 측정하기 어려운 유기인 형태를 가지고 있거나, 표면의 질감이 다양해서 표현이 쉽지 않을 수도 있습니다. 이러한 수제품은 3D 스캐닝에 가장 적합한 것들입니다. 창작자들은 이러한 방법을 통해서 가상포트폴리오를 만들기도 합니다.

축척(Scale)

빌딩이든 현미경으로 보는 세계이든 어떤 것이든 디지털화 해놓으면, 쉽게 확대 혹은 축소가 가능합니다. 물론, 3D 프린터로 출력하면 디테일한 부분은 잘 표현되지 않을 수 있지만, 매우 쉽게 축척을 조절할 수 있다는 점에서 3D 스캐닝이 유용합니다.

맞춤형(Customization)

3D 스캐닝은 의료 및 패션 등에서 자신에게 치수에 꼭 맞는 제품을 만들 수 있게 합니다. 예를 들면 한쪽 다리를 절단한 환자들에게 반대쪽 다리를 스캐닝하여 의족을 만들고, 최근에는 미군이 신체의 차이를 반영하는 군복을 만드는 데에 3D 스캐닝 사용을 검토하고 있습니다.

정밀도(Precision)

산업계에서는 정밀도가 높은 고해상도 3D 스캐너를 이용해서 제조부품의 뒤틀림 정도를 측정하여 안전진단에 사용하기도 합니다. 이 경우에는 모델링을 위한 스캐닝이라기보다는 테스트 도구로서의 스캐닝을 활용하는 방법으로 볼 수 있습니다.

실재감(Realism)

3D 스캐닝은 모델링 작업으로는 할 수 없는 실재감을 만들어 낼 수 있습니다. 섬유 결, 사람의 특정자세, 얼굴표현 등이 대표적인 예입니다. 특히, 〈반지의 제왕〉이나 〈아바타〉와 같은 할리우드 영화에서는 3D 스캐닝과 같은 기술을 동원하여, 디지털 캐릭터에 실재감을 높이기도 합니다.

고가품 혹은 잘 깨지는 작품 (Fragile or precious items)

3D 스캐너를 이용하여, 고고학이나 문화재보존을 위해서 모조품을 만드는 데 사용합니다. 학교에서는 교육을 위하여 활용할 수 있는 깨지기 쉬운 보물급 작품들을 복사하여 출력하기도 합니다.

3D 스캐닝 가능한 오브제 조건

투명도(Opacity)

3D로 대상물을 스캐닝하기 위해서는, 대상물은 빛을 반사할 수 있어야 합니다. 예를 들면, 유리로 만들어진 대상물은 있는 그대로 스캐닝하는 것은 거의 불가능합니다. 이런 대상물을 스캐닝하려면 파우더 혹은 에어로졸 형태의 액체를 사용하여 대상물을 불투명하게 매티파잉(mattifying)하여야 합니다. 좀 더 극단적으로는 대상물에 특정 색으로 페인팅을 하는 방법도 사용할 수 있습니다.

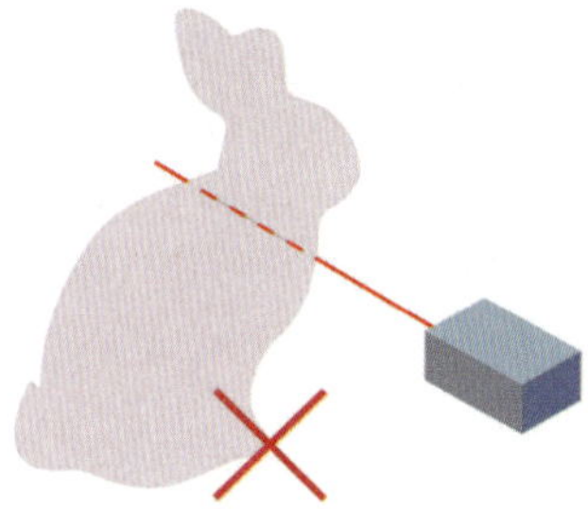

무광(Matte)

반짝이거나 반사를 잘 하는 대상물도 문제점을 가지고 있습니다. 유리라던가 혹은 반짝이는 금속, 수정 등은 빛의 왜곡을 가지고 있어서 디지털 표면 계산하는 것이 쉽지 않기 때문입니다. 이러한 문제를 해결하려면 불투명하게 혹은 무광으로 처리하는 매티파잉(mattifying) 기법을 사용하여야 하며, 전구 혹은 표면이 하얀색인 경우에도 위의 기법을 사용하여 스캐닝 데이터의 왜곡 현상을 막아야 합니다.

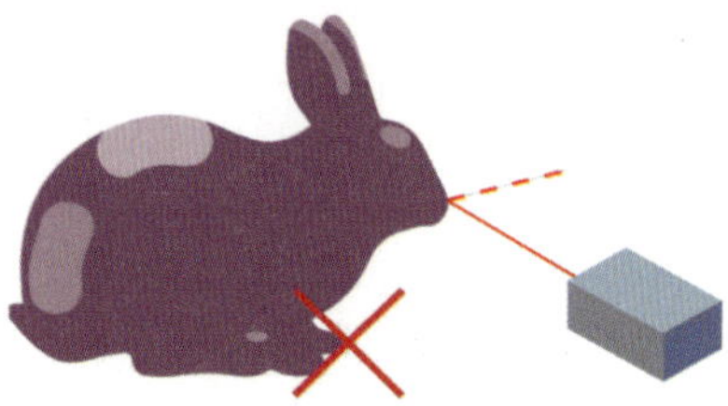

두께(Thickness)

꽃을 스캐닝하는 것은 불가능하지는 않지만, 매우 어려운 일입니다. 두께가 너무 얇으면 앞면과 뒷면을 구별하는 것이 어려워서 스캐닝이 정확하게 이루어지지 못합니다. 특히, 저가의 스캐너들(예: 3D Systems의 Sense) 등이 이러한 문제점에 취약한데, 두께가 너무 얇으면 오브제가 투명하게 계산될 수 있기 때문입니다.

정적 정보(Stable and Static)

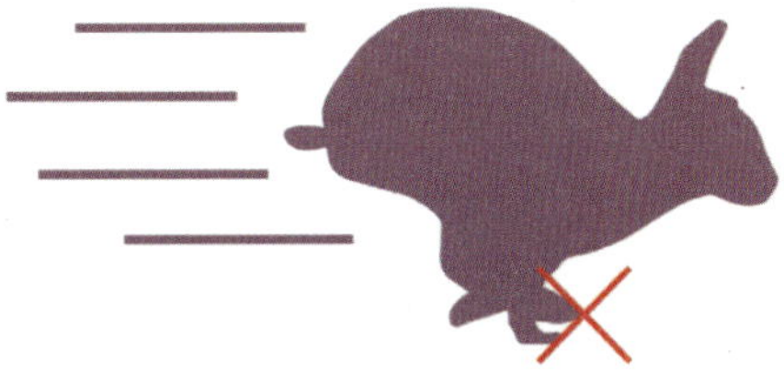

대상물과 주변 환경은 스캐닝 동안 안정화되어야 합니다. 이는 스캐닝 작업 중 외부 요소들이 3D 파일에 기록되어져서 실제 대상물과 혼동되는 문제점을 만들기 때문입니다. 대다수의 3D스캐너는 가상 스캐닝 영역 안에 있는 기하학적 형태들을 모두 읽어들입니다. 예를 들면 MakerBot Digitizer의 경우, 지름 20 cm, 높이 20 cm의 원통형 안의 정보만을 읽을 수 있으며, Xtion 스캐너의 경우는 이것보다는 넓게, 최소 30 cm에서 최대 5 m까지의 면을 찍습니다. 기기마다 제한된 가상영역 외의 정보는 무시됩니다.

밝은색의 대상물(Light-colored items)

적외선 LED를 이용해서 스캐닝을 할 때, 아주 어두운 색은 빛을 모두 흡수하므로 스캐닝 작업이 잘 안될 수도 있습니다. 따라서 무광페인트 혹은 파우더를 이용하여 오브제에 도포를 하거나, 드라이샴푸를 이용하는 것도 하나의 방법입니다.

텍스처를 가진 물건(Textured items)

컬러스캐닝을 하는 경우, 텍스처는 중요한 참조 점으로 활용됩니다. 123D Catch를 이용할 경우, 마커를 대상물에 붙여 놓으면 (예를 들면, 숫자가 기입된 포스트잇 혹은 테이프), 색 혹은 형태를 읽기 힘든 경우에도 쉽게 3D 정보를 읽어들일 수 있게 됩니다. 이렇게 마커를 잘 사용하여 마치 텍스처를 가진 것처럼 쉽게 정보를 저장하고, 후작업 시 마커정보만을 삭제하고 3D 모델을 만들면 됩니다.

유기적 형상(Organic)

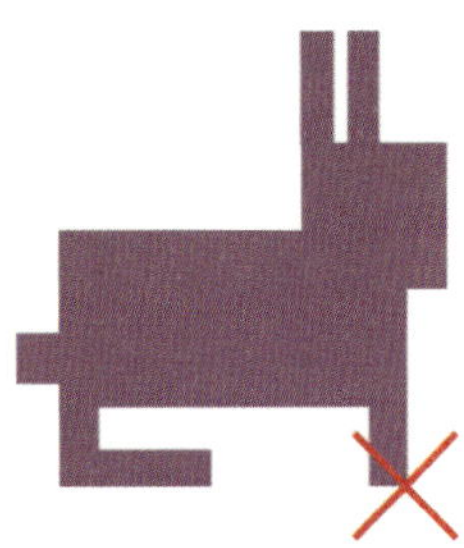

만약 박스 형태나, 나사, 경첩, 서랍과 같은 오브제들을 만든다면, 3D 스캐닝보다 모델링하는 편이 훨씬 정교한 결과물을 낳습니다. 측정이 가능한 오브제들은 3D 스캐너를 이용해 작업을 도울 수는 있지만 정확도 및 디테일들을 고려해 보면 모델링이 좋습니다. 만약 유기적 커브를 가지고 있거나 복잡한 형상을 가진 경우에는 3D 스캐닝과 모델링 작업을 병행하는 것도 가능합니다.

3D 스캐닝 준비하기

투명하거나 반짝이는 오브제(안경, 목걸이, 반지 등), 혹은 너무 까만 표면은 드라이샴푸를 이용하여 도포합니다.

대상 오브제가 움직이지 않도록 테이프 등으로 잘 고

정하고, 대상물이 사람인 경우에는 의자에 앉게 합니다. 어떤 경우에는 회전테이블을 이용하여, 스캐너를 고정시키고 대상물을 회전시켜서 스캐닝을 할 수도 있습니다. 동물을 스캐닝할 경우는 쉽지 않지만, 여러 번의 시행착오를 통해서 동물들을 훈련시켜서 움직이지 않게 하여야 합니다.

TIP 멀티스캐닝 파일 디지털화

멀티스캐닝

3D 스캐너의 스캐닝 영역은 한계가 있습니다. 그래서 아주 크고, 복잡한 대상물을 스캐닝하기가 매우 어려운데, 이를 지원하기 위해 MakerWare for Digitizer라는 애플리케이션은 멀티스캔(Multiscan) 방식으로 각도와 위치를 바꾸어 가면서 스캐닝한 것을 통합하게 해주는 기능을 제공하고 있습니다.

파일을 합치기

Skanect를 사용하고 있다면 재구성(Reconstruct) 도구를 이용하여, 다수의 파일을 더하여 하나의 3D 모델을 만들 수 있으며, STL 파일을 Meshmixer를 이용해서 합칠 수도 있습니다.

Skanect에서 미니어처 흉상 만들기

이번 예제는 PrimeSense 기술을 이용한 Kinect 1 혹은 Xtion Pro를 사용하여 스캐닝하는 방법을 연습해 보겠습니다. 만약 Sense, iSense, Structure sensor를 사용하고 있다면 방법은 유사하나, 소프트웨어 인터페이스가 조금 다를 수 있습니다.

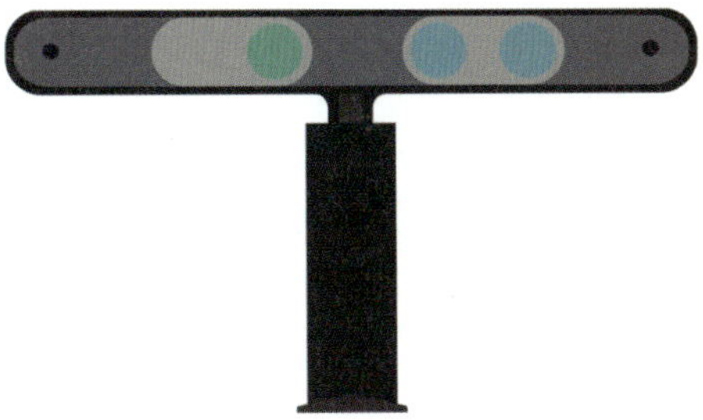

무료 Skanect 버전은 http://skanect.occipital.com에서 다운로드받거나, 프로라이선스는 구매를 할 수 있습니다.

먼저 여러분이 가지고 있는 스캐너를 컴퓨터의 USB 포트에 연결합니다. 시작 전에 필요한 드라이버들도 모두 다운로드를 받아서 설치해 둡니다.

대상 오브제를 스캔하기 위한 준비 과정을 마쳤으면, 오브제 주위 1.5 m안에 빛을 내는 다른 소스가 없도록 주변을 정리합니다. 이러한 외부광원은 3D 스캐너가 정보를 읽어 들이는 데 방해가 될 수 있습니다. Skanect 소프트웨어 메뉴에서 [준비 Prepare]-[새 파일 New]를 선택하고, 가상스캔 Scene은 [오브젝트 Object]로 설정합니다. 오브젝트의 경우 일반적으로 각 면이 0.6 m인 가상 상자가 만들어지는데, 우리가 예제로 사용할 오브제가 가상 공간 안에 충분히 들어가므로 사용할 수 있습니다. Aspect Ratio는 표준모드로 유지합니다. Height x2 모드의 경우 사람의 전신을 스캐닝할 때나 위로 긴 직육면체를 만들 때 유용합니다. 이제 시작(Start)을 누릅니다.

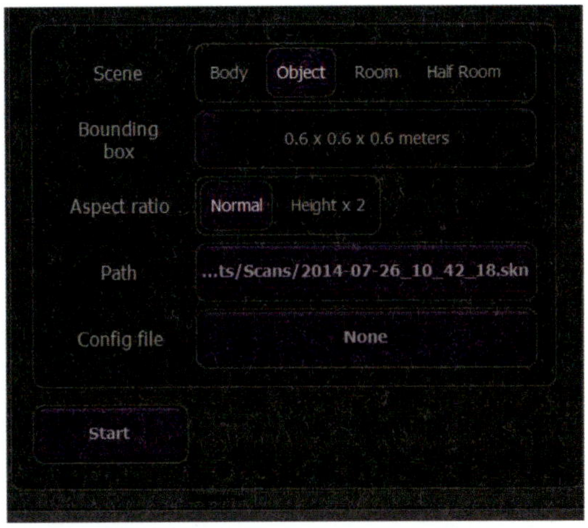

적외선 스캐너 방향을 스캔대상에 향하게 합니다. 이제 화면 안의 가상 상자에 오브제가 나타납니다. 적외선 스캐너와 대상 간의 거리를 조정하면서 오브제의 머리부터 어깨가 중앙에 들어갈 수 있도록 위치를 맞춥니다.

모든 설정이 끝나면, 왼쪽상단의 빨간색 배경의 검은색 원을 클릭합니다. 카운트다운이 시작되면 스캔이 시작됩니다.

오브제는 빨간색 혹은 초록색으로 화면에 표시되는데, 초록색은 계산된 기하학적인 정보이고, 빨간색은 영역을 벗어난 범위입니다. 스캐너가 오브제 주위로 돌면서 스캐닝을 하거나, 대상물 자체를 돌리는 방식을 시도해 보면서 초록색이 주로 나타나도록 합니다. 특히 머리 윗부분이나, 턱 밑을 면밀히 스캐닝하여야 합니다.

만약 대상물이 움직였다면, 화면에 나타난 회색이미지에 맞추어서 이동을 다시 할 수도 있습니다. 이러한 작업이 용이치 않다면 처음부터 스캐닝 작업을 다시 수행하는 것이 좋습니다.

모든 작업이 끝나면, 다시 빨간 바탕의 검은색 원을 클릭하고, 몇 초 후에 스캔을 완료한 3D 형상이 화면에 나타납니다.

이제 프로세스(Process) 기능을 사용해 봅시다. 이 기능 안에는 자동보정 옵션이 있지만, 좋은 결과를 얻기 위해서는 Meshmixer에서 보정을 수행하는 것이 좋습니다. 여기서는 Move and Crop 기능을 사용하여 불필요한 영역들을 없애거나 다른 곳에 옮길 수도 있습니다. 대상물의 턱의 각도를 약간 사선으로 조정하면 서포터 없이 3D 출력이 가능합니다.

만약 Kinect 혹은 Xtion과 함께, 웹캠을 가지고 있다면, Colorize 옵션을 사용해서 스캔된 색깔을 추출할 수 있습니다.

[공유 Share] 메뉴에서 [모델 내보내기 Export Model]를 선택합니다. 다양한 포맷과 측정단위들을 설정하여 파일을 내보낼 수가 있습니다. 이번 예제 OBJ 파일형식을 선택하고, 컬러는 Texture UV로 설정하여 MTL 파일을 만들어 보겠습니다. 면 개수(# Faces)는 특별히 텍스처 효과를 주고자 하는 의도가 없다면, 최대치로 설정하는 것이 좋습니다. Skanect 무료버전의 경우 면 개수가 제한될 수 있습니다. 단위는 밀리미터로 설정하면 다른 기기에서도 채색된 3D 파일을 사용할 수 있습니다.

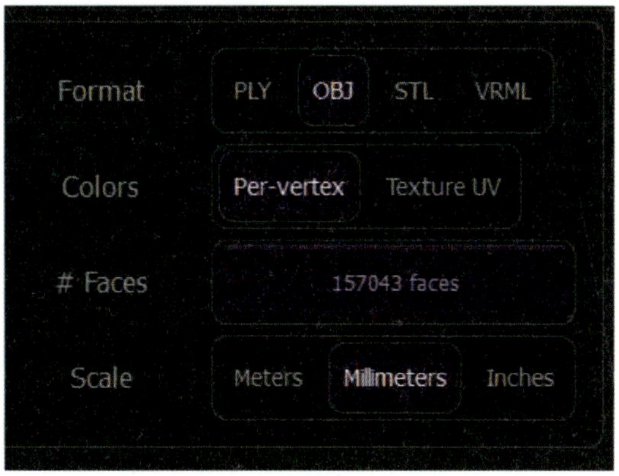

출력 전에 3D 파일 검토를 위해 Meshmixer로 완성된 파일을 불러와 자동검사(Inspector)를 시행합니다(자세한 설명은 44쪽 예제 참조).

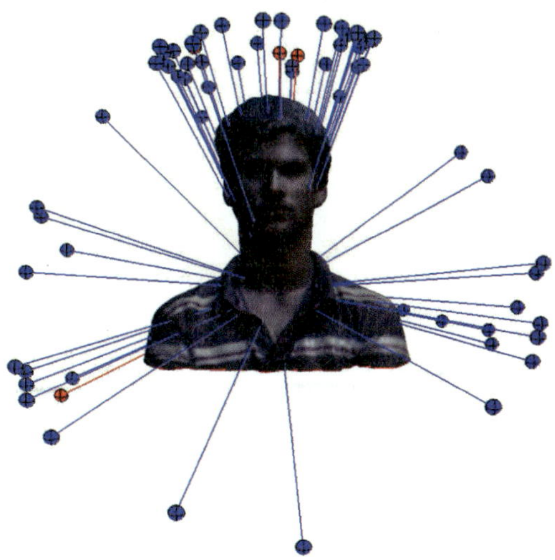

주의할 점은 출력될 대상물의 베이스 바닥은 평평해야 하며 닫힌 솔리드 형태로 만들어져야 합니다. 그렇지 않다면 [편집 Edit]-[평면 자르기 Plane Cut]로 바닥면을 정리하여 출력할 준비를 완료합니다.

미니어처 흉상을 놓을 베이스는 123D Design에서 스케치와 회전(Revolve) 기능을 이용해서 제작하고, 이를 STL 파일로 저장하여, 스캔된 흉상모델과 [접합 Append] 합니다. 베이스의 크기는 Meshmixer를 이용해서 언제든지 조정이 가능하니 모델링 시 특별히 고려하지 않아도 됩니다.

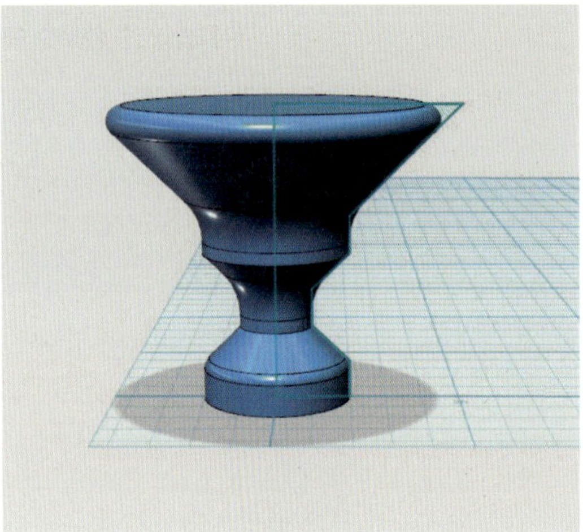

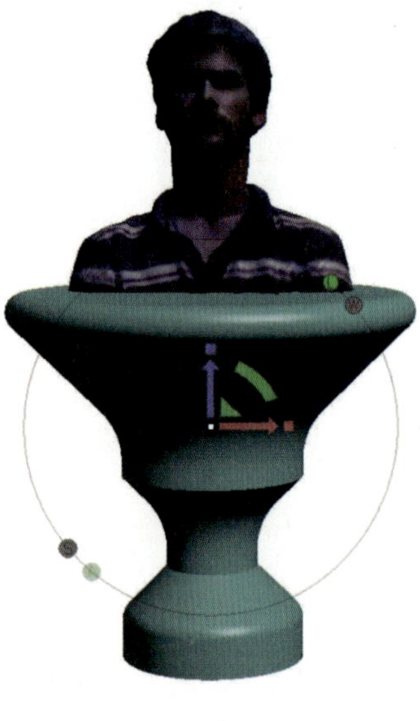

[편집 Edit]-[변환 Transform] 기능으로 베이스의 크기, 깊이, 위치 등을 조정합니다. 당연히 우리가 지금까지 만든 대상물과 이 베이스는 접하여 솔리드로 출력되어야 합니다. 화면에서 두 대상물을 선택하면 불(Boolean) 옵션이 활성화되고 통합(Union)을 선택하여 합칩니다. 완성된 작품은 STL Binary 형식으로 저장합니다. 작품이 마음에 들지 않다면, 123D Design 소프트웨어로 다시 작업을 합니다.

저장된 STL 파일은 3D 프린터의 슬라이싱 소프트웨어에서 임포트합니다. 스캔된 대상은 실제 축척을 나타내므로 축척을 1:10으로 설정하면, 약 60밀리미터의 높이로 미니어처 흉상을 만들 수 있습니다.

출력 시엔 디테일을 살리기 위하여 최고해상도로 진행합니다. 추가로 색깔을 바꾸거나 혹은 금속으로 출력하는 것도 가능하며, 같은 파일을 사용하여 대리석 혹은 나무를 디지털 밀링을 통하여 작업할 수도 있습니다.

123D Catch에서 3D 스캔하기

123D Catch 애플리케이션을 휴대폰에 설치합니다. 물론 컴퓨터에서 다운로드받아서 사용할 수도 있지만, 이 예제에서 설명하는 단계와 차이가 있을 것입니다. 123D 계정에 가입하면 제공되는 모든 기능을 사용할 수 있습니다(www.123dapp.com/catch).

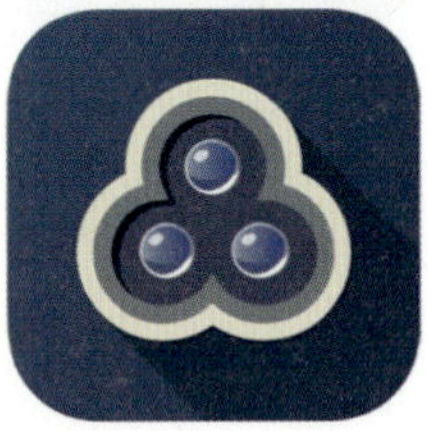

스캔할 대상은 불투명하면서 움직이지 않는 것으로 선택합니다. 이 예제에서는 줄무늬 패턴의 움직이지 않는 호랑이 인형을 사용해서 3D 스캐닝 과정을 설명하겠습니다.

텍스처가 있는 표면은 스캐닝의 정확도를 높이기에 매우 도움이 됩니다. 우리는 나무장판과 카펫이 있는 공간에서 스캔 작업을 진행합니다. 먼저 모든 가능한 각도에서 대상물의 사진을 촬영합니다. 왼쪽 아래에 있는 상태표시는 필요한 사진의 수를 알려주는데, 25장의 사진이면 유용한 모델을 얻기에 충분합니다. 사진촬영이 끝나면, 모든 사진을 선택하고 서버로 전송(Submit)합니다.

이제부터 애플리케이션이 스캔된 데이터를 계산하기 시작합니다. 서버와의 통신시간, 인터넷 연결 속도 등이 작업시간을 결정하기 때문에 적게는 몇 분 길게는 몇 시간의 작업시간이 소요됩니다. Autodesk에서 만든 Memento라는 툴을 이용하면 최상의 해상도를 가진 사진들을 분석하여, 더 좋은 결과를 얻을 수도 있

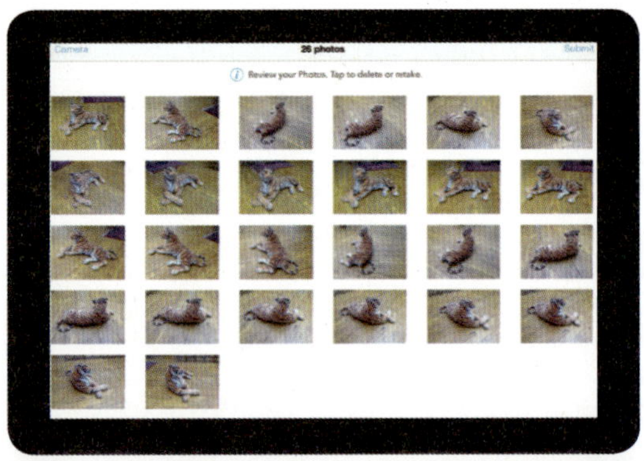

습니다(링크: memento.autodesk.com).

이제 합쳐진 3D 스캔을 보며 작업이 잘 수행되었는지를 확인합니다. 이 예제의 경우 호랑이의 턱 부분이 스캔이 잘 되지 않아 위의 사진처럼 구멍이 생겼습니다. 이러한 문제는 Meshmixer를 이용하면 충분히 수정 가능합니다.

다음으로 컴퓨터에서 123D 계정으로 접속하여 모델 라이브러리에서 스캔파일을 불러옵니다. 이를 다시 Meshmixer를 사용해서 [선택 Select] 기능을 사용하여 불필요한 부분(카펫, 나무 바닥 등)을 선택하고 (선택된 영역은 주황색으로 표현함), 키보드의 X 키를 눌러 선택영역을 삭제하는 과정을 반복합니다.

출력을 준비하기 위하여 [분석 Analysis]-[자동검사

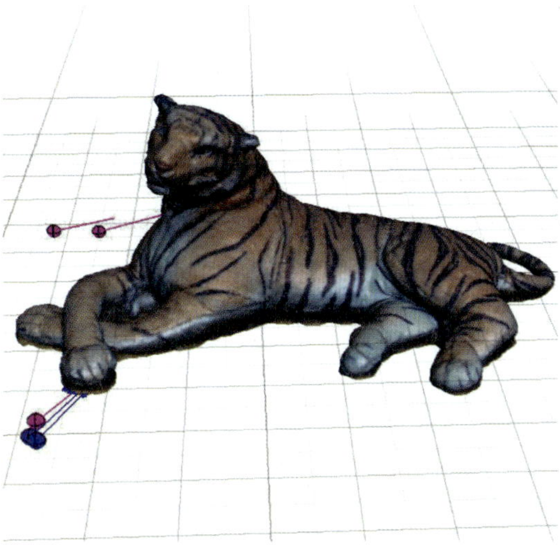

auto-inspector] 기능으로 빈 공간들을 모두 메꾸고, [편집 Edit]-[평면 자르기 Plane Cut] 기능으로 출력 바닥면을 평평하게 만듭니다. 완성된 모델은 STL Binary 형식으로 저장하고, 만약에 다중 컬러링을 지원하는 Mcor Iris 혹은 3D System의 Project660으로 출력하는 경우에는 OBJ 파일로 저장합니다. 예제로 사용한 호랑이인형 스캔 파일은 www.thingiverse.com/thing:440462에서 다운로드 가능합니다.

축척변경은 3D 프린터 슬라이싱 소프트웨어에서 가능하며, 내부를 10% 채우고, 서포트나 Raft 없이 출력하였습니다. 출력물의 품질을 높이기 위해서는 ZBrush 혹은 Mudbox 소프트웨어를 사용하여 세부 작업이 병행되어야 합니다.

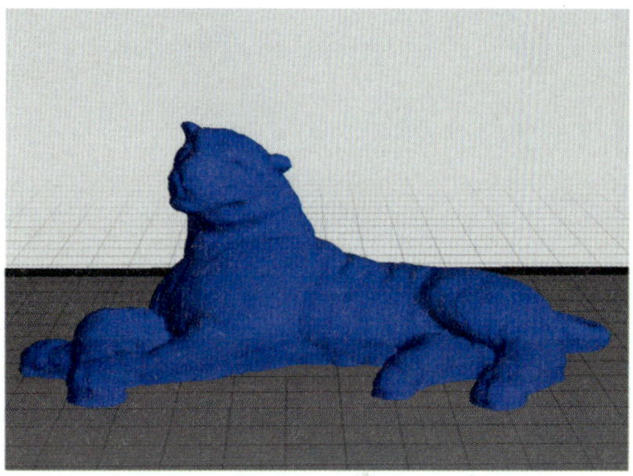

모바일 디바이스를 이용한 스캐닝은 아주 훌륭한 도구이지만, 충분한 연습과 인내력이 필요합니다. 특히, 스캔하는 대상과 조명 및 주변 환경의 조건에 따라 많은 시행착오가 요구될 수 있습니다.

최적화하기

파일사이즈

Meshmixer에서 부분적 메시사이즈
조절하기

Meshmixer를 활용한 파일사이즈 줄이기

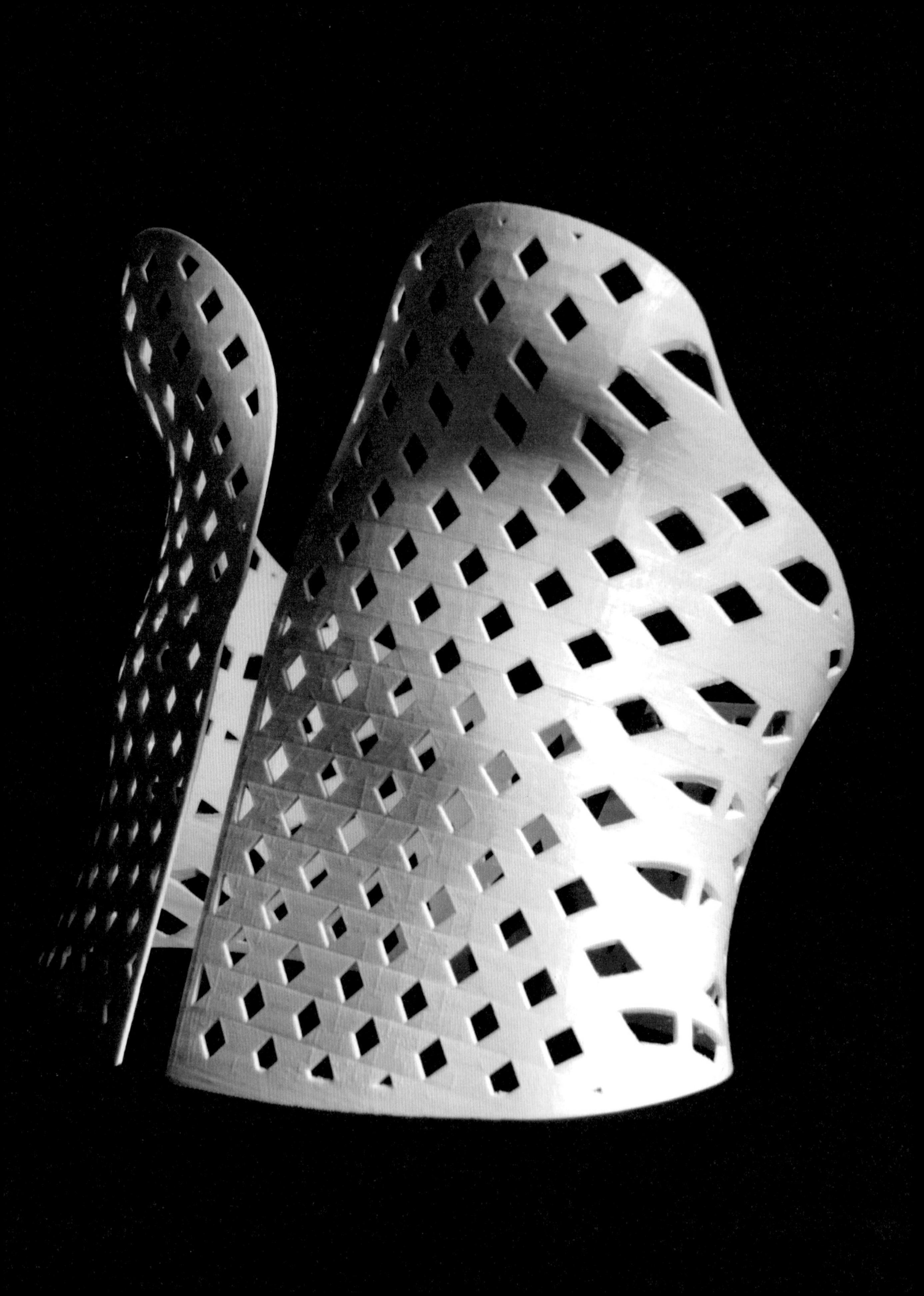

파일사이즈

3D 프린팅 파일을 출력해 보면 다양한 형태의 깎인면과 폴리곤(Polygon)으로 이어진 표면을 볼 수 있는데, 이는 낮은 해상도의 3D 파일이 문제인 경우가 대부분입니다.

3차원 세계에서 STL 파일의 "폴리곤"은 JPEG 그림파일에서의 픽셀과 같은 역할을 합니다. 파일 내의 폴리곤의 수에 따라 오브제 표면을 부드럽게 하거나 다각 면을 형성하게 됩니다. 예를 들어, 하나의 구(Sphere)가 충분하지 않은 폴리곤의 수로 이루어진 경우 미러볼처럼 보일 수 있습니다. 이러한 원리는 적은 수의 폴리곤으로 구성이 가능한 평평한 표면에는 해당되지 않습니다. 3D 파일의 다각면수는 모델링 소프트웨어의 파일변환 및 출력시간이나 화면설정 부분에서 직접 조절이 가능합니다.

Samuel N. Bernier가 제작한 뮤즈 코르셋(Muse Corset)의 경우 3D 보디스캐닝 데이터를 기반으로 3D 모델링을 작업합니다. 고해상도 3D 디지털 파일의 경우, 용량이 기가바이트 수준으로 올라가며 3D 모델링 소프트웨어로 가져오는 단계에서 문제가 생기기 쉽습니다. 이 때문에 3D 스캔파일은 요구되는 스캔 범위의 최소화와 적당한 단순화 작업이 필요하며, 우리는 이를 메시 간략화(Mesh decimation)라고 부릅니다.

[뮤즈 코르셋 Muse Corset]

이전 페이지
Corset muse
By: Samuel N. Bernier
3D printed on: Replicator 2
Source: Thingiverse
Thing: 245461
© Samuel N. Bernier

왼쪽 페이지
Corset muse
By: Samuel N. Bernier
3D printed on: Replicator 2
Source: le FabShop
© Samuel N. Bernier

오른쪽 페이지
Scan of the subject
By: Samuel N. Bernier
Source: le FabShop
© le FabShop

뮤즈 코르셋의 경우 매우 유기적인 곡선으로 이루어져있으며, 굉장히 많은 수의 폴리곤을 통하여 모델의 보디 형태를 제작할 수 있습니다. 이와 같은 경우 모델링 소프트웨어 안에서 구동하는 3D 파일 크기는 지나치게 커지고, 프로세싱을 하기 위한 컴퓨터의 용량은 한계에 도달하게 됩니다.

물론 다양한 소프트웨어 모델링 프로그램으로 출력하는 방식에 따라서 STL 파일의 메시 밀도 등을 조절할 수 있지만, 모든 대상에 적용되는 것은 아닙니다. 이 장에서는 오브제 크기에 따라 적당한 메시 비율을 설정하는 방법과 지나치게 큰 용량의 파일을 줄이는 것을 학습합니다.

Meshmixer에서 부분적 메시사이즈 조절하기

Meshmixer를 실행하여 구모양을 불러 옵니다. 왼쪽 [조형 Sculpt] 툴바에서 [브러시 Brush]-[줄이기 Reduce]를 선택합니다.

브러시 강도와 사이즈를 각각 90으로 조절합니다.

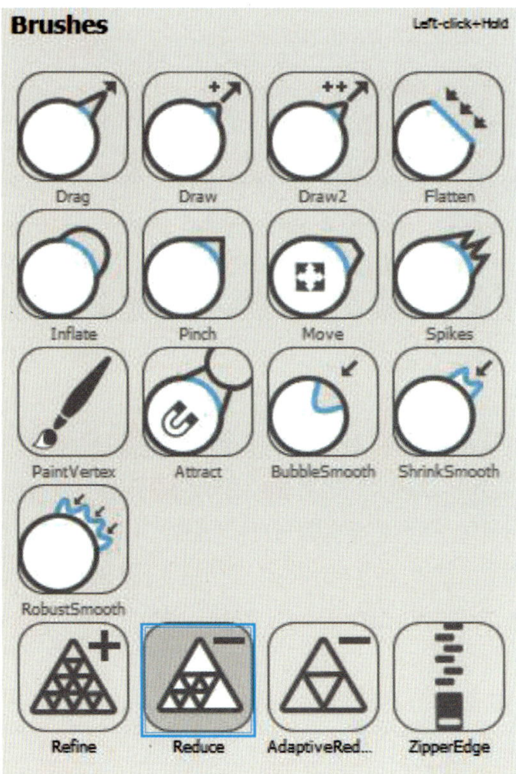

마우스로 구의 일부를 선택한 후, 키보드 W키를 눌러 메시 와이어프레임(Wireframe)보기 기능을 설정하면 다음과 같이 삼각형 면으로 이루어진 형상을 확인할 수 있습니다.

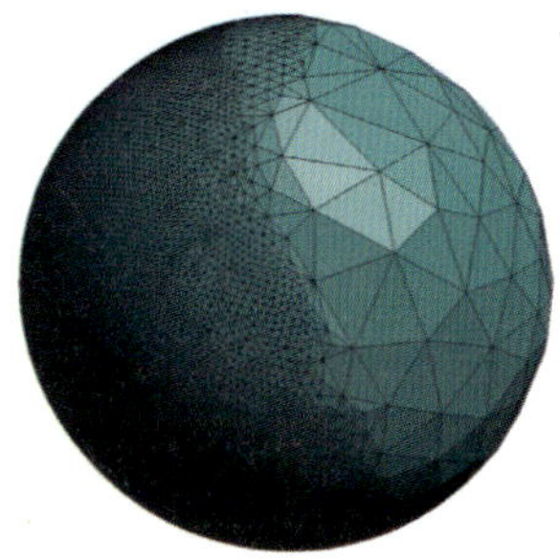

반대로 구의 다른 한쪽부분을 [브러시 Brush]-[정교화 Refine] 기능으로 메시 밀도를 최대로 높일 수도 있습니다.

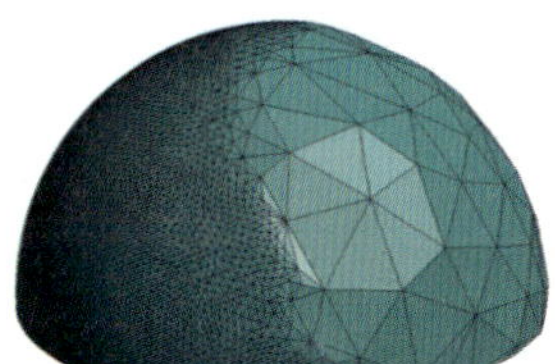

[편집 Edit]-[평면 자르기 Plane Cut] 기능으로 구를 두 개의 반구로 잘라 두 개의 다른 해상도를 비교해 봅니다. 먼저 모델링 파일은 STL 파일로 변환한 후에 여러분이 보유한 3D 프린터 기종에 맞는 소프트웨어로 임포트합니다. 같은 파일을 복사하여 다음과 같은 세 가지 스케일 100%, 150%, 200%로 출력합니다.

출력은 고해상도(대부분의 FFF 3D 프린터의 경우 0.1 mm)로 안을 채우지 않는 Infill 0%로 설정합니다. 결과물을 보면 반구의 200%사이즈의 경우 각 메시의 차이가 구별 가능하지만, 더 작은 사이즈의 경우 시각적으로 큰 차이가 없음을 알게 될 것입니다.

이 장에서는 사이즈에 따른 메시 해상도 선택 및 조정 방법을 학습하였습니다. 여러분이 위와 같은 세 크기의 오브제를 16마이크론 해상도의 DLP 3D 프린터로 출력할 경우, 표면의 메시 차이는 좀 더 명확할 것입니다.

Meshmixer를 활용한 파일사이즈 줄이기

고해상도 3D 파일을 Meshmixer를 이용하여 파일사이즈를 줄이는 예제를 해 보겠습니다. 예제 파일은 Artec EVA 스캐너를 통해 제작된 243 MB 용량의 STL ASCII 형식 파일이며 다음 링크에서 파일명 "main_HD_cut_ascii.stl"을 다운로드합니다(예제 링크: http://www.thingiverse.com/thing:440625).

Meshmixer에서 다운로드한 파일을 열고, 수정하지 않고 STL Binary 형식 파일로 변환 후 저장합니다. 자동으로 파일사이즈는 원본의 1/6인 44 MB로 줄어들게 됩니다.

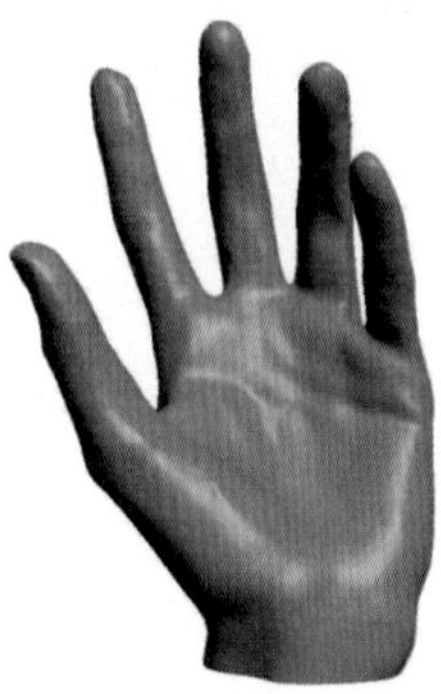

[선택 Select] 툴바에서 Ctrl+A(혹은 Command+A) 키를 눌러 오브제 전체를 선택합니다. 선택된 오브제는 자동으로 주황색으로 변환되며, 이 상태에서 화면 와이어프레임(Wireframe)을 활성화시켜 보조선들을 확인합니다(단축키 W).

이제 선택된 오브제의 사이드를 단계별로 줄여보는 실습을 하겠습니다. [편집 Edit]-[줄이기 Reduce] (단축키- Shift+R)를 선택하여 50%로 설정하고 새로운 STL Binary 파일로 저장합니다. 이제 파일사이즈는 22 MB로 줄었습니다.

같은 방식의 작업을 수행하며 11 MB 파일을 만들어 봅니다. 설정에 따라 폴리곤과 표면의 변화차이를 살펴봅니다. 한 단계 더 파일사이즈를 줄여 약 6 MB 용량의 오브제를 만들어보면, 원본의 파일이 거의 40개로 나눠진 것을 볼 수 있습니다. 마지막으로 파일 줄이기를 실행하면 약 2.5 MB의 적당한 파일을 만들 수 있습니다.

아직까지도 원본파일과 비교하여 느낄 수 있는 차이는 거의 없습니다. 이번엔 마지막 파일을 75%로 줄여봅니다. 이제 손표면의 다각면 텍스처들이 보이기 시작합니다. 이렇게 줄여진 파일은 적어도 0.6 MB로 기존 고해상도 STL ASCII 파일보다 400배 정도 줄었습니다.

243 MB 원본파일과 현재 파일을 한 화면에 띄워 비교해 봅시다.

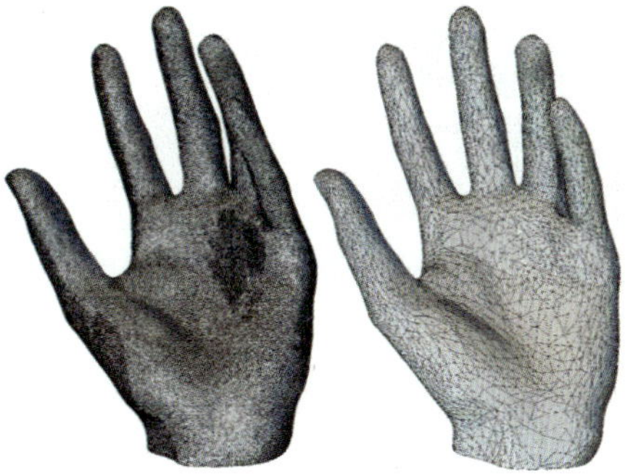

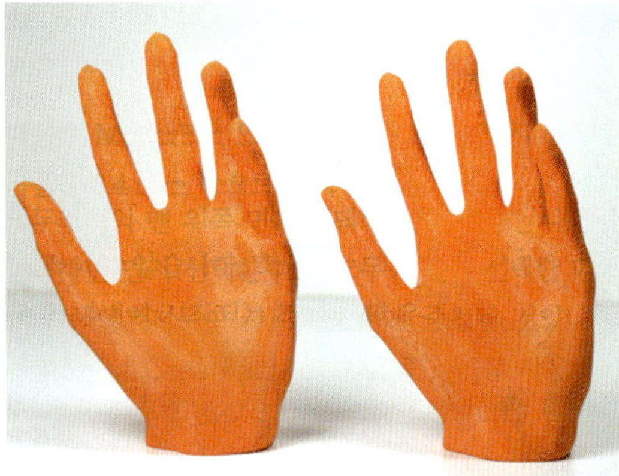

여러분은 차이가 느껴지시나요?

차이가 느껴지신다면 여러분의 3D 프린터 소프트웨어로 파일을 가져와 같은 기계, 같은 재료, 같은 해상도로 두 파일을 출력해 봅니다. 분명히 출력물의 표면 차이는 거의 없다는 것을 알게 될 것입니다.

FDM/FFF 3D 프린팅 방식을 위해 대부분 필요이상의 고해상도 파일을 사용하고 있습니다. 만약 여러분이 DLP 방식이나 사진과 같은 초현실적인 오브제를 출력하기 위해 정교한 기술이 필요한 경우가 있다면, 높은 밀도의 메시가 필요합니다. 여기서 가장 중요한 점은 출력 목적에 맞는 최적화 해상도 비율을 찾는 것입니다.

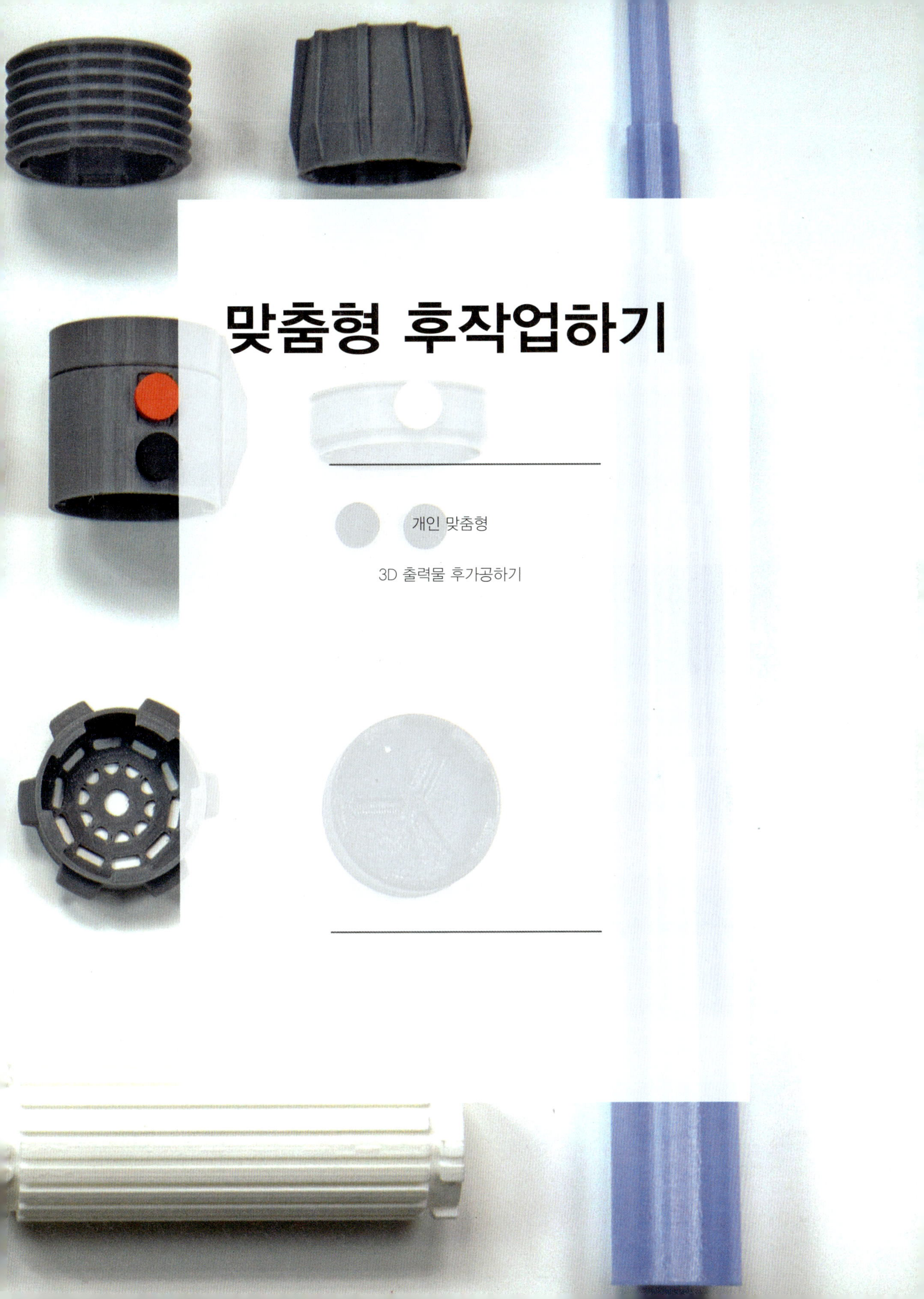

맞춤형 후작업하기

개인 맞춤형

3D 출력물 후가공하기

개인 맞춤형

3D 프린팅이 주목받기 시작하면서 첨단기술에 천재적인 괴짜(nerd)와 긱(Geeks)의 상징에서 아티스트와 스타일리스트 그리고 개인에 이르기까지 퍼지게 된 것은 오래되지 않았습니다.

최근에 디지털제조 분야에서 공상 과학과 융합한 사례로, 젊은 디자이너 Thomas Thibault는 스타워즈 "광선검"을 3D 프린팅으로 선보였습니다. 골지형 실린더 형태를 기본으로 장난감 무기의 핸들은 버튼, 스크린, 링, 벨트클립까지 다양한 액세서리로 슬라이딩 혹은 간단히 나사로 조립할 수 있어, 추가 모델링 과정 없이 자신만의 "광선검"을 제작할 수 있습니다. 이러한 디자인과정은 심플하지만 다양한 색상과 재질을 개인 스스로 선택할 수 있게 하여, 자신만의 액세서리로 새롭게 디자인할 수 있게 한다는 점에서 눈길을 끕니다. 특히, 가장 중요한 파트는 망원레이저의 부분이 조립된 형태로 한 번에 인쇄될 수 있다는 점입니다. 길이는 15 cm~86 cm 사용자 사용에 따라 조절할 수 있습니다. 이 프로젝트는 3D 프린터를 재미있게 활용하는 방법을 제공하고, 개인화된 부품들과 다양한 선택의 기회를 통한 접근과정을 성공적으로 보여주고 있습니다.

"광선검"을 만드는 자료는 다음 링크에서 다운로드 가능합니다.

www.thingiverse.com/thing:572485

[광선검 파트 Light Saber Parts]
[광선검 조립 Assembled Light Sabers]
[광선검 팹샵 Life Saber FabShop]

3D 출력물 후가공하기

후가공(Post-print) 방법들

3D 프린팅 출력물의 표면가공 및 도색작업을 포함하는 후가공과정은 굉장히 다양합니다. 이 장에서는 몇 가지 대표적인 후가공 방법을 소개하고 있으며, 제작자의 니즈와 목적에 따라 여러분 스스로 새로운 방법들을 개발해 보길 바랍니다.

샌딩가공

출력된 3D 프린팅 제품의 적층 성형된 부분의 레이어 단을 매끈하게 만드는 과정입니다. 수작업으로 진행되며 반복적으로 수행되어야 하며, 특히 손이 닿기 힘든 작은 공간에서는 사포질을 어렵게 합니다. 샌딩 작업은 보통 출력 후 불필요한 서포터를 제거하는 것부터 시작하여 얇은 파트의 경우 부러진 부분을 보완하기도 합니다. 샌딩 작업은 입자가 큰 낮은 번호의 종이사포(P80)부터 입자가 작은 사포(240-400)로 점차 바꿔가며 진행되어야 합니다. 출력 플라스틱 종류에 따라 샌딩 후에 색깔변형이 일어날 수 있으며, 특히 검정색 출력물의 경우 주의가 요구됩니다. 필요에 따라 드레멜과 같은 전기 · 전동기기를 사용할 수 있습니다.

ABS 소재 아세톤 기반 표면가공

ABS 수지와 용해성이 있는 재료는 아세톤을 사용하여 매끈한 표면작업을 할 수 있습니다. 대표적으로 활용되는 방법은, 먼저 출력물을 일차적으로 샌딩한 후, 브러시에 아세톤을 찍어 출력물 표면에 바릅니다. 다음 용해된 잔여물과 먼지들을 제거한 후, 구멍 난 부분을 채우고, 홈을 부드럽게 하면 끝납니다. 위에 설명된 방법은 출력물 피스들을 접착하는 때에도 활용될 수 있습니다. 아세톤으로 표면처리한 출력물의 두 면을 맞닿게 두면 용해되기 시작하며 영구적으로 붙일 수 있습니다. 간단하게 보이는 작업이지만, 액화상태의 아세톤에 출력물을 1-10초간 담그고 말리는 작업들은 위험할 수 있습니다.

다른 방법으로는 아세톤 훈증이 있습니다. 가열된 용기에 출력물을 넣고 아세톤을 기화시켜 표면을 녹여 후처리하는 방법입니다. 다만 독성이 강하므로 매우 조심해야 하며, 반드시 환기가 잘 통하는 곳에서 진행되어야 합니다. 먼저, 뚜껑이 있는 유리병을 준비합니다. 출력물 사이즈에 따라 다르지만 숟가락으로 몇 스푼정도로 소량의 아세톤을 담습니다. 60℃ 정도로 유리병을 가열한 후, 출력물을 조심스럽게 넣습니다. 그림과 같이 손잡이나 보조파트들을 활용해서, 아세톤이나 유리병에 손이 닿지 않고도 꺼내기 쉽도록 합니다. 원하는 정도의 매끄러운 표면이 나올 때까지 1-10분간 기다립니다. 너무 오래 두면 표면 일부가 과도하게 녹아버릴 수 있으니, 반드시 진행과정을 눈으로 확인하시면서 작업하여야 합니다. 이 작업은 여러 번 반복해서 진행할 수 있으며, 출력물을 꺼낸 후에는 1시간 동안 건조시킨 후에 베이스부분과 거친 표면들은 커터로 마무리를 합니다.

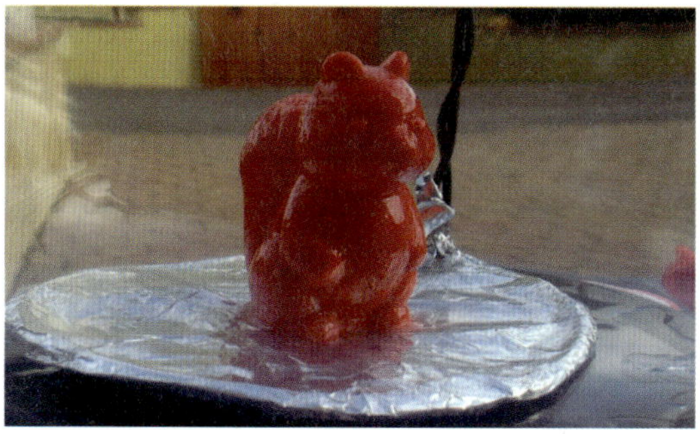

작업 시에는 안전용기와 글러브를 사용하도록 합니다. 같은 원리로 차가운 아세톤으로도 후가공이 가능하지만, 표면이 변하는 데에 시간이 오래 걸릴 수 있습니다.

표면을 매끄럽게 하는 효과는 완성품의 질을 향상시키고 사출성형으로 완성된 것처럼 보기 좋은 형상으로 만들어주지만, 제품의 정확한 치수와 세세한 부분들에서 차이가 있을 수 있습니다.

페인팅

PLA와 ABS 수지로 만든 출력물은 스프레이 페인트로 채색하는 것이 가장 좋습니다. 특히, 가는 사포질로 샌딩하여 마감한 후 작업하는 것이 좋은데, 샌딩 후에는 작업물을 깨끗이 물로 씻은 후에 사용하도록 합니다. 채색이 필요 없는 부분은 마스킹(Masking)을 하도록 하고, 사용한 플라스틱에 관계없이 에어로졸이나 아크릴 페인트를 사용하여 채색을 진행합니다. 이 과정은 간단하지만, 균일하게 페인트를 분사할 수 있는 기술을 향상하는 것이 필요합니다.

하이드로코팅

아직 잘 알려져 있진 않으나 최근 매우 효과적으로 채색할 수 있는 방법으로 각광받는 방법으로 하이드로코팅 기법이 있습니다. 헬멧이나 자동차 인테리어와 같은 산업계에서 사용되며, 다양한 패턴을 3D 모형위에 입힐 수 있습니다. 다음 링크에서 자세한 제작 과정을 살펴볼 수 있습니다.

http://www.instructables.com/id/Custom-hydrographic-design-for-3D-printing/

하이드로그래픽 필름은 온라인상에서 쉽게 다양한 그래픽패턴을 구매할 수 있으며, 프라이머와 액티베이터를 담은 키트 정보도 알 수 있습니다. 작업시작 전에는 출력물을 깨끗이 클렌징한 후, 패턴작업이 불필요한 부분은 마스킹 작업을 합니다. 작업자는 환기가 잘 통하는 방이나 야외에 나가서 마스크를 착용한 후 출력물에서 30 cm 정도 떨어진 곳에서 프라이머를 분사합니다. 다음, 물이 담긴 통에 사이즈가 맞게 커팅된 하이드로그래픽 패턴 필름을 조심스럽게 올립니다. 40-60초간 필름이 팽창될 수 있게 둡니다. 액티베이터를 분사한 후에, 출력물을 통안에 담급니다. 반드시 마스크와 장갑을 착용한 상태로 진행하며, 꺼내기 쉽도록 간이손잡이들을 만들어 사용합니다. 출력물을 꺼내기 전에, 용액 내에서 막대기를 사용하여 불필요하게 붙은 필름들을 떼어내도록 합니다. 마지막으로 건조시킨 후, 선택적으로 광택제 등을 추가할 수 있습니다.

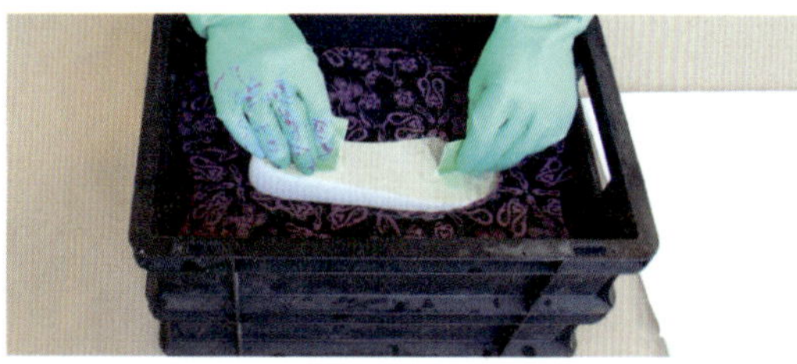

채색 이후의 후가공 작업은 패턴, 천공, 레이저 에칭, 마찰용접, 열 변형 등 다양합니다. 디자이너 중에는 PLA로 출력된 파트를 중탕하여 형태를 변형시키기도 합니다. 여러분만의 방법을 고안해 봅시다.

[Photo credit for "acetone" example by Eric Simon - ES Concept]

MEMO

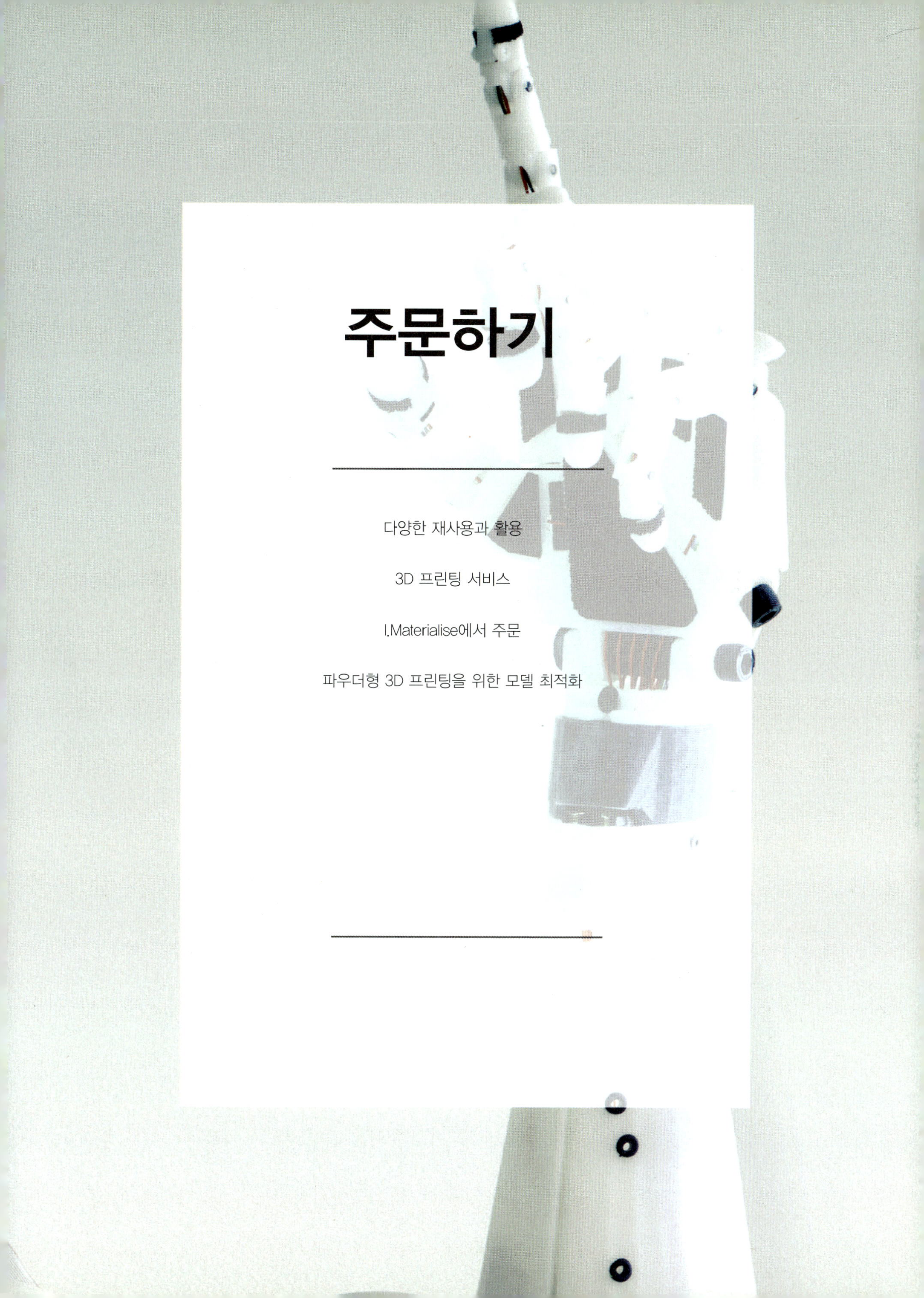

주문하기

다양한 재사용과 활용

3D 프린팅 서비스

I.Materialise에서 주문

파우더형 3D 프린팅을 위한 모델 최적화

다양한 재사용과 활용

이 장에서는 부분적 파트 제작 방식 도입을 통하여, 플라스틱기반 3D 프린팅이 환경에 미치는 영향을 줄여주는 방법을 소개합니다. RE_프로젝트는 3D 프린팅으로 간단히 돌려주거나 붙이는 형태의 소형 액세서리를 제작하여 기존 제품에 새로운 기능을 더하는 방법을 제안하였습니다. 예를 들어 오래된 잼통은 새 모이통, 돼지 저금통, 컵, 레몬스퀴저로 변신할 수 있습니다.

3D 프린팅 산업이 환경적인 면에서 이바지할 수 있는 분야 중 하나는 고장 나거나 부서진 제품의 일부를 보조할 수 있는 부속품의 제작을 들 수 있습니다. 새로운 제품을 구입하는 대신 일부분만 대체하면, 제품의 사용주기를 늘릴 수 있으며, 점점 사회적인 구매패턴도 이처럼 바뀌고 있습니다. 부속품 교체 혹은 업그레이드하는 방식은 디지털제조를 통해 부분적으로 제작할 수 있는 시장을 열었고, 이를 통해 운송, 포장, 보관에 이르는 모든 비용과 환경적 영향력을 줄일 수 있게 합니다.

Gael Langevin의 InMoov 프로젝트는 이러한 가까운 미래상을 잘 보여줍니다. 그는 3D 프린팅으로 대부분 제작된 휴머노이드 로봇을 오픈소스화하고, 부품이 부러졌을 경우 자체적으로 교체할 수 있도록 하였습니다. 향후에는 진공청소기와 같은 생활가전의 일부 부품을 집에서도 간단히 출력하여 사용할 수 있을 것입니다. 현재에도 몇몇 3D 프린팅 서비스 사이트를 통하여 비슷한 경험을 할 수 있으며, 점점 더 가까운 곳에서 쉽게 접하게 될 것입니다. 다음 링크는 Sculpteo 사이트를 통해 "Bonne maman" 유리병에 사용가능한 컵 손잡이를 색, 재질 등을 다르게 하여 구매하는 사례를 소개합니다. http://bit.ly/1p6vq0y

[Project RE_]

이전 페이지
InMoov
By: Gael Langevin
3D printed on: BFB 3D Touch
Source: InMoov
© Fabrice Bouquet
www.inmoov.fr/

왼쪽 페이지
Bonne Maman Mug
By: le FabShop
3D printed on: Replicator 2
Source: Thingiverse
Thing: 310961
© le FabShop

오른쪽 페이지
Projet RE_
By: Samuel N. Bernier
3D printed on: UP! PP3DP
Source: Designer
© Samuel N. Bernier

3D 프린팅 서비스

이 장에서 소개하는 대표적인 3D 프린팅 서비스 플랫폼—I.Materialise, Sculpteo, Shapeways은 유럽에서 시작되었습니다. 사용자가 모델파일을 올려서 프린팅을 연계해 주거나, 디자이너나 크리에이터들의 숍과 카탈로그를 보고 주문할 수 있으며, 개인의 취향에 따라 디자인 변경도 가능합니다. 다양한 출력재료, 제작방식, 배송시간들을 결정할 수 있으며, 예상 제작시간을 알 수 있어서, 일정이 촉박하다면 추가비용을 지불하고 서비스를 이용할 수 있습니다.

I.Materialise

벨기에에서 시작하였으며 19여개의 재료—금, 구리, 고무, 세라믹 등—를 주문하여 출력할 수 있습니다. 각 재료는 상세한 설명서와 함께 제공되며, 출력 시 고려해야 할 물성과 재료의 한계를 포함하고 있습니다. I.Materialise는 Creation Corner를 통해 디자이너와 사용자를 연계하고, 비디자이너가 개발한 콘셉트 디자인이나 사진들을 3D 모델로 변환하거나, 주문 제작이 가능한 형태로 만들어주는 서비스를 지원합니다. Autodesk 123D 소프트웨어를 사용하는 경우, Autodesk 계정을 통해 바로 모델파일을 전달할 수도 있습니다. I.Materialise는 유럽에서 가장 큰 규모의 3D 프린팅사이며 3D 프린팅 관리 소프트웨어 3D Magics를 공급하는 Matérialise 그룹의 자회사입니다.

http://i.materialise.com

Sculpteo

프랑스 3D 프린팅 서비스사로 사용하기 편리하고 이해가 쉬운 서비스제공이 특징입니다. 3D 프린팅은 흑백/컬러, 그리고 플라스틱, 알루미늄, 파우더 소결, 세라믹, 은처럼 다양한 재질과 가공방식을 제공합니다. 사용자의 의도에 맞도록 파일을 보완, 재가공 및 변형해주는 서비스도 지원하고 있습니다.

http://www.sculpteo.com

Shapeways

굉장히 많은 3D 프린팅 오브젝트와 재료 및 마감들의 카탈로그를 보유하고 있는 사이트입니다. 3D 프린팅 디자인을 개인과 개인이 거래할 수 있도록 하는 플랫폼으로도 유명합니다.

http://www.shapeways.com

3DHUBS

3DHUBS는 각국의 3D 프린터 소유자들의 네트워크를 구축하여, 지정된 거대 공장에서 프린팅하는 I.Materialise, Sculpteo, Shapeways 서비스와 달리 지역별 가까운 3D 프린팅 허브를 통해 출력 및 마감 서비스를 제공합니다. 이를 통해 좀 더 빠르고, 저렴한 가격에 3D 프린팅 서비스를 경험할 수 있으며, 지역별 관련 커뮤니티 활성화에도 긍정적인 영향을 미칠 것으로 기대합니다.

http://www.3dhubs.com

I.Materialise에서 주문

여러분이 출력하고자 하는 파일을 준비하고 옵션을 선택하기 위해 I.Materialise 사이트를 방문하여 출력 가능한 재료리스트, 최대 사이즈, 관련 설명 및 사진 자료들을 검토합니다. 이 책의 133쪽에 있는 "스캔" 연습자료를 이용하여 멀티컬러와 재료를 사용하여 출력주문을 해보겠습니다.

I.Materialise에 회원가입 후 "3D 모델 올리기 Upload your 3D model" 메뉴를 선택합니다. 여기서는 컬러로 스캔된 OBJ 파일을 내보내어 질감을 살린 오브제를 만들어 보겠습니다. 사이트에 직접 드래그하거나 업로드 버튼을 사용하여 파일을 올리고, 작업 시 사용할 치수단위(인치 혹은 밀리미터)를 선택합니다.

선택한 오브제가 화면에 뜨면 다음과 같이 경고창이 나타나기도 하는데, 이는 모델의 사이즈가 너무 커서 선택한 재질로 인쇄하기 어려운 경우를 의미합니다.

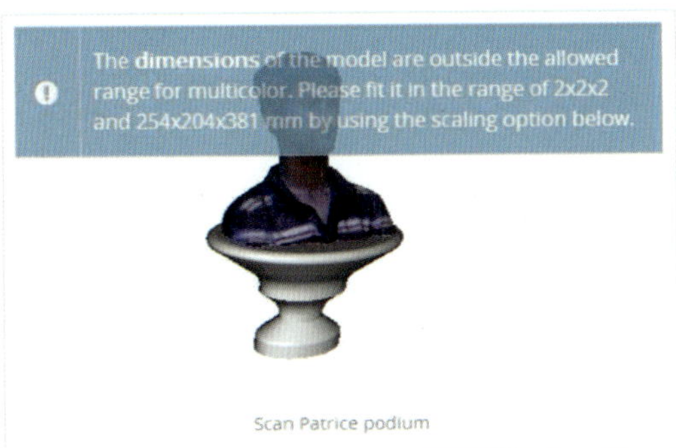

화면에서 제공하는 최대 출력가능 사이즈 정보에 따라, 창 아래 슬라이더 혹은 직접 치수를 입력하여 원하는 사이즈를 결정하고, "화면에 맞추기 Scale to Fit" 버튼을 선택하여 자동으로 화면에 최대한 맞춰 오브제가 보이도록 합니다. 이와 같은 과정은 반복적으로 사용자 의도에 따라 사이즈, 재료, 이외의 세팅들을 조절할 수 있습니다. 설정변경에 따른 주문가격은 실시간으로 업데이트되어 제공됩니다.

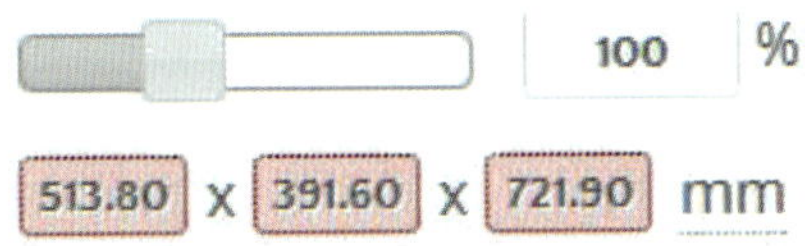

모든 과정이 완료되고 설정에 만족하면 "주문하기 Add to Cart" 버튼을 선택하여 주문과 결제 관련 페이지로 넘어갑니다.

재료에 따라서 색깔변경과 마감방식에 대한 설정을 조정할 수 있으며, 모든 재료옵션에 대한 설명은 사이트에서 충분히 제공하고 있습니다.

파우더형 3D 프린팅을 위한 모델 최적화

출력물의 밀도가 높고 크기가 클수록 출력 시 필요한 재료증가에 따라 가격도 함께 상승합니다. 파우더 재료를 기반으로 하는 SLS(Selective Laser Sintering) 출력 방식은 오브제의 속을 비어 있는 닫힌 모형이며, 내부에 잔여물들이 남지 않는 형태로 제작 가능합니다. 마라카스[7]같은 것을 만드는 것이 아니라면, 굉장히 중요한 부분입니다. 모델을 만들 때 "셸" 형태로 설정을 하고 파우더를 제거할 수 있도록 작은 구멍을 뚫으면 간단히 적용해 볼 수 있습니다. Meshmixer로 실습해 보겠습니다.

작업할 파일을 열고 셸을 만들기 위해 두께를 설정합니다. 작업과정을 잘 볼 수 있도록 [셰이더 Shader]에서 투명텍스처를 선택합니다.

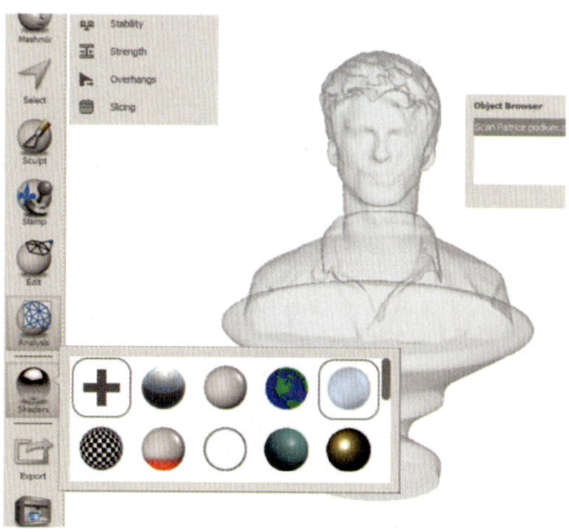

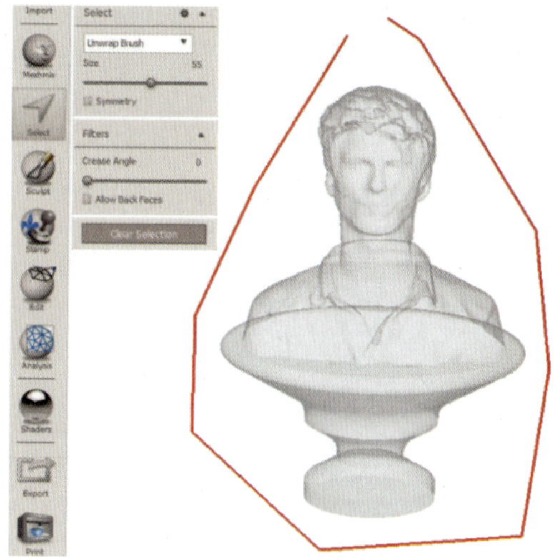

[선택 Select] 메뉴에서 [올가미 툴 Lasso tool]을 선택하거나 단축키 [Ctrl+A] 혹은 [Command+A]를 사용하여 오브제를 선택합니다. 선택영역은 주황색으로 바뀌게 되고, 메뉴에 새로운 옵션이 활성화됩니다. [선택/편집/상쇄 Select/Edit/Offset] 순으로 선택하거나 단축키 [Ctrl+D]로 상쇄옵션에서 내부영역 치수를 음수 값으로 설정합니다.

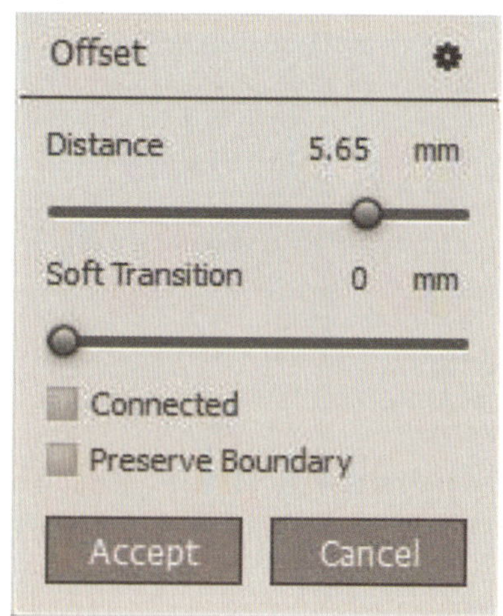

7. 역자 주) 마라카스(maracas) : 양손에 들고 흔들어 소리를 내는 간단한 악기

Meshmix 메뉴에서 실린더를 만들고 적당한 사이즈로 조절하여, 출력 후 파우더를 제거할 수 있는 구멍을 뚫습니다. 구멍은 오브제의 형태에 따라 잘 보이지 않는 부분에 위치하고, 예제의 경우 흉상의 바닥 스탠드부분을 이용할 수 있습니다. 투명셰이더 옵션을 유지한 채로 구멍을 뚫을 면과 실린더를 Shift키를 사용하여 다중선택을 합니다.

단축키 외에도 다음 이미지처럼 [편집 Edit] 메뉴를 통해 3가지 타입의 불(Boolean) 옵션을 사용할 수 있습니다. [통합 Union]은 두 가지 오브제를 합치는 기능이고, [교차 Intersection]은 두 오브제의 겹쳐진 부분만 남기는 것이며, 마지막으로 우리가 사용할 [차이 Difference] 옵션은 하나의 오브제에서 중첩된 다른 오브제의 부분만을 일부 없애는 것으로, 흉상바닥에서 실린더 부분만을 제외한 면을 남기고 저장합니다. 이러한 방식으로 3D 프린팅에 사용되는 파우더를 쉽게 50%까지 줄일 수 있습니다.

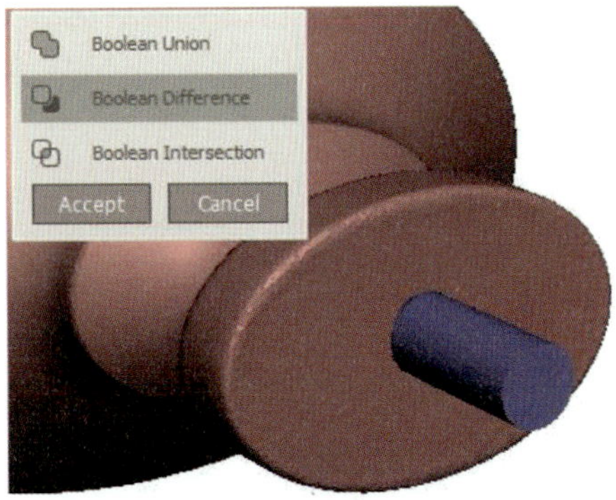

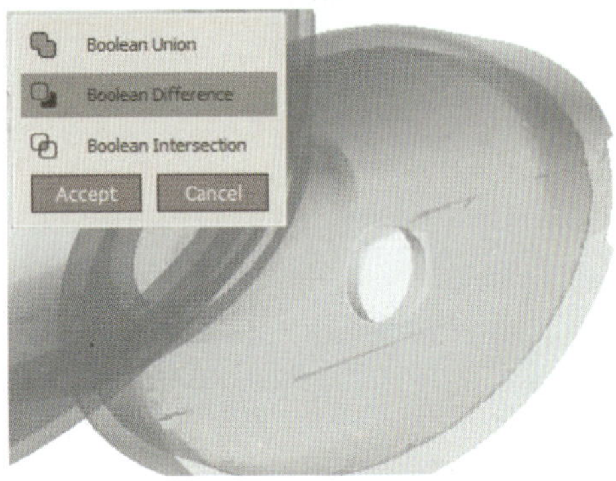

결론

모델링과 3차원 스캐닝을 수반한 3D 프린팅 영역은 거의 한계가 없는 다양한 형태들을 계속해서 만들어 낼 수 있으며, 새로운 것을 창조하는 도구로서 높은 가능성과 잠재력을 지니고 있습니다. 하지만 모든 문제를 해결하는 만능도구가 존재하지 않는 것처럼, 3D 프린팅 기법을 마스터하고 활용하는 것뿐만 아니라 도구가 가진 한계점도 분명히 숙지해야 합니다.

프로토타이핑은 모든 제조과정의 니즈를 궁극적으로 해결할 수 없으며, 수백 혹은 수천 가지의 기존에 개발된 다양한 테크닉들—캐스팅, 기계가공, 블로잉 공정—이 산업현장에서 오랫동안 사용되어왔습니다. 우리가 생각하는 3D 프린팅이 만든 실제 혁명은 디지털 제조와 디자인 툴이 제공하는 아이디어개발 과정, 즉 간단한 드로잉에서부터 프로토타입까지 오피스를 떠나지 않고 할 수 있게 한 것입니다. 전문크리에이터와 프리랜서 디자이너들은 기본적인 디자인 기술과 테크닉을 활용하여 일상생활의 오브제를 다운로드하고, 재창작하고, 수리하기도 하고, 새롭게 채색하여 시장에 내놓을 수 있습니다.

또 하나의 장점은 세계 곳곳에서 쉽게 같은 물리적 오브제를 중심으로 아이디어를 공유하고 협업할 수 있게 된 점입니다. 디지털 파일을 통하여 협력하고자 하는 오브제를 쉽게 전달하고, 이를 수정하고, 향상시켜, 새롭게 가공할 수 있습니다. 개인별/지역별 3D 오브제 출력을 통하여, 오브제를 포장하거나, 보관 및 저장 혹은 운송에 대한 부담도 줄일 수 있습니다.

이 책은 거대한 3D 세상에서 작지만 기초에 충실한 예제들을 통해서, 전문성 개발과 현업에서 즉각적으로 실행해 볼 수 있도록 제작되었습니다. 책에서 제공되는 자료 외의 다양한 프로젝트와 플랫폼들을 수행하면서 디자이너와 메이커로서의 경험을 키워나가길 바랍니다. FabLabs, Makerspaces, Hackerspaces 혹은 FabClubs와 같은 제조공간들은 새로운 프린팅 기계, 새로운 출력재료, 새로운 제조프로세스에 대한 정보를 지속적으로 제공하고 있습니다. 온라인 서비스를 통한 맞춤제조과정은 아직 성숙기에 도달하지 않았지만, 여러분 스스로가 창조와 혁신을 할 수 있는 과정에 동참하실 수 있습니다.

Bertier **Tatiana** **Samuel**

찾아보기

정가 18,000원

제품디자인을 위한 3D프린팅(IMPRESSION 3D PAS A PAS)

2016년 6월 20일 초판 인쇄
2016년 6월 30일 초판 발행
저　자 : Samuel N. Bernier · Bertier Luyt · Tatiana Reinhard
역　자 : 김지은 · 권규현 · 류호경 정태현 · 최재영
발행자 : 우명찬 · 송　준
발행처 : 홍릉과학출판사
주　소 : 서울시 강북구 인수봉로 50길 10 01093
등　록 : 1976년 10월 21일 제5-66호
전　화 : (02) 999-2274~5, 903-7037
팩　스 : (02) 905-6729
e-mail: hongpub@hongpub.co.kr
http://www.hongpub.co.kr
ISBN: 979-11-5600-443-1

역자와의 협의하에 인지생략